所有女人都要读的书

COSMETOLOGY
HEART SUTRA

肖素均◎编著

时 事 出 版 社

图书在版编目(CIP)数据

女人永远25岁的美容心经/肖素均 编著.—北京:时事出版社,2009.4

ISBN 978-7-80232-221-9

Ⅰ.女… Ⅱ.①肖… Ⅲ.女性—美容—基本知识
Ⅳ.TS974.1

中国版本图书馆CIP数据核字(2009)第035534号

女人永远25岁的美容心经

出版发行:时事出版社
地　　址:北京市海淀区万寿寺甲2号
邮　　编:100081
发行热线:(010)88547590　88547591
读者服务部:(010)88547595
传　　真:(010)68418647
电子邮箱:shishichubanshe@sina.com
网　　址:www.shishishe.com
印　　刷:三河鑫鑫科达彩色印刷包装有限公司

开本:787×1092　1/16　印张:16　字数:267千字
2009年4月第1版　2009年4月第1次印刷
定价:29.80元

序言

在中世纪的欧洲，有一位名叫玛丽的女伯爵，她为了获得永恒的美丽而听信巫师的谣言，不惜杀害无数貌美的处女，然后用她们的血来浸泡自己。在她被处死的许多年之后，她那邪恶的行径虽为人不齿，但她的名字，她那希望永葆青春的梦想，却被永远留在了世间。

永远留住自己的青春和美丽，这大概是每个女人都梦寐以求的。我们对青春的执著，甚至超过我们在世间的一切愿望。

然而，想要永远青春貌美，这几乎就是一个不可能的梦想。任何一个生命，都必将臣服于时间的摧噬，无奈地老去。对于青春、对于美丽，但凡任何一个女人，都无法理性地面对它的逝去。所谓“优雅地老去”，那也只是想要抓住美丽最后的尾巴，聊以自慰罢了。

我们虽然不可能永远不老，但我们还是有能力让青春的岁月留得更长久一些。让自己永远比实际年龄年轻 20 岁，这也不再是神话。看看已经 60 多岁的潘迎紫，再看看已经 50 来岁的赵雅芝，以及 40 多岁的周慧敏和 30 多岁的黎姿，这些演艺界的女人们，她们留住的时间又岂止是 20 年，青春似乎已经停留在了她们的身边。

在美容保养这个圈子里，有太多你永远猜不出她们到底几岁的漂亮女人，有时候，你以为人家刚从学校毕业不久，没想到其中很多人早就结了婚，生过小孩，甚至小孩都已经上大学了。

你一定想说：“人家不知道用了多么高级的护肤品，花了不知道多少钱,年轻也就是自然的了。”

你的这种说法大错特错!

花了多少时间去摧残你的肌肤,你就得花10倍的时间去护理它。那些演艺圈的女人日日化妆上粉,这对皮肤的折磨不知是普通女人的多少倍。但即便这样,她们还能留住美丽,那你又怎么不可以?

对于那些保养极为得道的女人,我曾仔细探究她们究竟为何能拥有如此年轻的外表,无数的例证告诉我,这些不老美人几乎都是从很早就开始保养肌肤,而且一直坚持着。认识越多这样的人就越让我深信,正确的保养方法和适合自己的保养品对于延缓肌肤老化绝对功不可没,也许短时间内看不出差别,但随着三年、五年、十年过去,你就能亲身感受到保养所带来的美容奇迹。

所以,爱美的女人们,从现在开始珍爱自己的肌肤和身体吧。选择适合自己的保养品,使用最适合自己的保养方法、最正确的保养技巧,然后持续地养护你的肌肤和身体,那么你就绝对能够拥有远远年轻于真实年龄的青春与美丽!

·目录·

Part 3. 皮肤保养,从清洁开始

Part 4.轻轻松松,做个水嫩美人

Part 5.美白,不是你想的那么难

Part 6. 跟毛孔 say 拜拜,让细致皮肤透出来

Part 7. 抗皱防衰从“小”开始

Part 8. 想要不老,拥有小而紧实的脸部是关键

Part 9. 做个明眸善睐的“电眼女王”

Part 10. 做个美丽“色”女郎

Part 11. 巧用高科技,让你旧貌换新颜

Part 12. 年轻,也可以“妆”出来

Part 13. 护养你的秀发,让美丽从头开始

Part 14. 别让脖子泄露你的年龄

Part 15. 拥有一双纤纤玉手

Part 16. 做女人“挺”好

Part 17. 塑造平坦小腹,做男人眼中的小“腰”精

Part 18. 让你的臀部翘起来

Part 19. 秀出你的性感美脚丫

Part 20. 注意细节保养,让你美到极致

Part 1. 女人保养要趁早

随着岁月的流逝、生活节奏的加快，细纹和暗沉开始出现在脸上，衰老也就此开始了。

那么，如何才能杜绝细纹和暗沉呢？皮肤科医生建议，持有“越早保养越好”的观念，才能让细纹和暗沉不与年龄的增加成正比。

保养就像成名，越早越好

一般的女孩子差不多都是从25岁才开始注意护理自己皮肤的，但实际上皮肤护理开始得越早，你的收获就越大。

当然，这里需要强调一下，所谓的“越早越好”，还是有一定时间限制的。如果你的年龄不到18岁，那么你只需要日日用清水洗脸，在特别的季节再涂抹适当的基础性保养品就行了。

而18岁以后的女孩子就要仔细看看下文了。

一直以来我都深信，只要用对方法，持续保养肌肤，绝对能够拥有远远小于实际年龄的年轻肌龄。随着时间的推移，越来越多的例子和很多资深美容编辑朋友都印证了这个想法：在美容保养这个圈子里，有太多那种你永远猜不出她们到底几岁的漂亮女人。有时候，你以为人家刚从学校毕业不久，没想到她早就结了婚，还生过小孩，甚至小孩都已经上小学了。

有人曾仔细探究，她们究竟为何能拥有如此年轻的外表。不可否认，有些人是天生丽质，但大部分的人是很早就有了保养肌肤的习惯，而且一直坚持着。认识越多这样的人，越让人深信：保养品对于延缓肌肤老化绝对功不可没，也许短时间内看不出差别，但随着三年、五年、十年过去，你就能感受到保养所带来的美容奇迹。

要知道，在这个充斥着各种污染源的现代社会里，如果我们不想肌肤迅速老化，就应该在肌肤还年轻健康时赶紧拟定适合自己的抗衰老对策，把细纹和暗沉都“扼杀在摇篮中”。

有些女孩子不太明白是什么导致自己的肌肤变老、变差，在这里先解释一下。

一般来讲，让我们肌肤老化的因素有两个：

一是外在环境影响。比如吸烟、熬夜、长期处于密闭空调空间、脸部表情丰富及长期在阳光下曝晒等，都会影响皮肤正常的代谢速度，使皮肤表面出现细纹，呈现粗糙、没有光泽或痘痘、粉刺丛生的恼人现象。

二是随着年龄增长的自然老化。自然老化表现为真皮层老化，导致胶原蛋白与弹力纤维结构改变，所以 25 岁以后肌肤的弹性就会随着年龄增长而减弱，随之而来的便是皱纹。

但是，好多女孩在 20 岁的时候很少去想象自己 30 岁的样子，既不保养也不护理，结果到了 30 岁的时候，只能眼馋地在旁边看着那些保养得当的“伪 20”们，然后暗自懊恼，感觉年华不再。

说了这么多，就是想告诉大家，保养要趁早！强调越早越好，是因为越早开始，你的皮肤才能够保持那个时间的状态。如果你从 40 岁才开始保养，那么就只能保持 40 岁的状态了。要知道，皱纹和斑点都是不可逆的，一旦发生，就很难回到以前的状态。等你到 30 岁的时候想回到 20 岁的肌肤状态，比你从 20 岁就开始保养，到了 30 岁仍保持 20 岁的肌肤状态要难得多。

另外就是坚持了。保养不是立竿见影的事，越到后面越能见功夫。所以，你应该现在就开始皮肤保养的工作。

要保养，但也不能过度

保养，从来都是女人一谈起来就滔滔不绝的话题。为了保养，女人们也是最舍得花血本的，有时候甚至会失去理性。

现在，大家护肤的步骤是越来越多：卸妆乳、洁面乳、保湿喷雾、精华液、乳霜、面膜……真是数不胜数；护肤的分量也不断升级，从一指甲盖大小分量到一枚硬币大小的分量；护肤的次数也日益频繁，从只是早上和晚上升级到每隔几个小时。

可是，美女们，你们的皮肤状况真的有明显好转了吗？还是一样的暗沉、敏

感、痘痘？有没有发现一些妈妈级的、平常没有特殊的皮肤保养的阿姨们，皮肤反而很好呢？

知道这是为什么吗？难道是你们的保养还不够多吗？

不是！

明确地说，你们现在对皮肤的保养不是不够，而是过度了！从美容的专业角度来说，这就叫“保养过度”。

下面10条保养强迫症，看看你做了多少个，就知道是否过度了。

1. 每次洗脸都用强力清洁产品。

2. 洗脸卸装都很用力搓，觉得不用力会洗不干净。

3. 每天基础保养的步骤不少于5步。

4. 习惯用高端抗老保养品。

5. 常使用专用密集护理产品。

6. 每天洗脸3次以上。

7. 面膜每天用，或每星期至少4次以上。

8. 每隔2天就会去角质。

9. 常用含高浓度果酸、A酸成分的保养品。

10. 一出新护肤品就迫不及待地使用。

都说度很难把握，也没有一个明确的数字来衡量什么才是适度，那到底什么样的皮肤保养是明显已经过度了呢？

过度保湿

“过度保湿”是最常见的皮肤过度保养类型。

现在很多人把肌肤出现细纹、弹力不够、面色枯黄等问题都归结为是由于皮肤缺水所引起的，于是各种补水保湿产品大卖。殊不知，盲目地补水保湿只会给肌肤造成比真正缺水更严重的后果。过度保湿之后，皮肤的含水度过于饱和，会导致毛孔变得没有张力而粗大，出现黑头粉刺，皮肤弹力下降而变得松弛，老化角质细胞不易脱落，角质层变厚，皮肤没有光泽。

过度保湿表现为：

1. 只用水质产品，拒绝油质的霜类产品，结果皮肤水油严重失衡。

2. 每天重复使用补水产品，柔肤水或者保湿水、补水精华液、高补水乳液、高补水面霜，一层层地往脸上抹，或一周使用补水或者保湿面膜超过两次，以致皮肤含水度过于饱和，导致毛孔失去张力，而老化的角质细胞也不易脱落，角质层变厚。

3. 明明用不着补水，却拼命地补水、盲目地保湿，忽略了皮肤的其他保护。

过度按摩

过度按摩会直接造成皮肤松弛。

皮肤老化松弛的基本原因是胶原蛋白流失、弹力纤维衰退，原本与按摩是没有关系的。轻柔的面部按摩不但可以帮助皮肤吸收和代谢营养，也可以让紧张了一天的皮肤恢复原本舒展的面貌。过度的按摩则会改变肌肤各种既定的肌肉线条位置，使脸部肌肉变形，甚至造成皮下纤维组织断裂，从而形成皱纹，这与长期皱眉形成表情纹是一个道理。所以，如果你不会轻柔按摩肌肤的话，那还是不要按了，免得“多按多错”。

过度按摩表现为：

1. 一周对皮肤进行两次或两次以上的按摩。

2. 每次按摩的时间超过 15 分钟。

3. 按摩的手法过重过硬，没有采取由下至上、由内向外的原则。

过度清洁

在亚洲，有 80%的女性正在被过度清洁伤害。

肌肤清洁不到位绝对会影响皮肤对营养成分的吸收，但如果因此而用过分强力的清洁产品，对皮肤造成的伤害同样是破坏性的。使用过分强力的清洁产品会毫不留情地破坏肌肤的天然保护屏障。

我们应该根据自己的肤质找到温和的洁面产品，而酸碱度(PH 值)适中，洁面后几分钟内不会觉得皮肤干涩，也不会在脸上形成一层油脂薄膜的产品最适合。千万不要常用磨砂洁面产品、高温水和毛巾来清洁皮肤，这样对皮肤的刺激很大。

过度清洁表现为：

1. 使用强力清洁产品清洁皮肤，破坏了皮肤天然的弱酸性环境。

2. 每天频繁使用洁面产品清洁皮肤，使皮肤角质层受到破坏。

3. 洗脸时水温过高，或者用高温的热毛巾敷脸。

4. 明明是不该使用磨砂洁面产品的肤质，却使用了磨砂产品。

过度去角质

去角质是非常容易过度的，尤其当你看到肌肤在去完角质后变得又光又嫩，让人爱不释手的时候，你更容易“迷恋”上去角质，结果导致过度。

敏感性肌肤、极干性肌肤和有其他病理状况的肌肤绝对不能擅自去角质。

干性肌肤、中性肌肤可选择果酸类、乳酸类的温和去角质产品，绝对不要选择磨砂去角质产品和含水杨酸成分的去角质产品。

果酸、乳酸(低浓度)可以去除皮肤表层的老废角质，但它无法深入毛孔，所以适合干性和含老化的肌肤。

混合性与油性肌肤要选择含水杨酸成分的产品，因为水杨酸还可以“钻”到毛孔中，去除毛孔中的老废油脂细胞。至于这类皮肤是否还要选择“磨砂”或机械式摩擦来去角质，是因人而异的。

过度去角质表现为：

1. 把皮肤当锅底，为了它的“亮”，就成天“磨砂”，或者通过机械式的摩擦来去角质。其实油性皮肤一周一次，而干性皮肤 15~18 天一次就足够了。

2. 不清楚自己的肌肤类型就随便去角质。

过度营养

过度营养包括使用化妆品营养过度和超龄保养两种状况。

1.化妆品营养过度

看看你的脸部皮肤，是否有一粒粒的“小肉芽”？这是脂肪粒。如果皮肤摄取了过多的营养，就会产生“肌肤肥胖症”，也就是肌肤营养过度。

肌肤细胞的代谢能力是有限的，如眼睛周围这些皮肤很薄的位置更是难以承担太多的补给。脂肪粒一旦出现便很难消除,需要花很长时间并加以肌肤断食法,它们才能慢慢消退,或者是去美容院进行针刺破除,那可是一个很痛的体验。在脂肪粒出现之前,就先断绝其产生的可能吧。

2.超龄保养

护肤产品不是越贵就越有效,往往高机能、高含金量、高度密集保养类的产品针对的是35岁以上已经开始衰老的皮肤。如果你的皮肤状态好,45岁仍有如同30岁的皮肤,那么即便是45岁的你,仍然不需要使用那些十分营养的护理品。所以,越是号称有效的高机能产品,越需要做皮肤测试,并有针对性地使用。

具体表现为:

(1)使用不符合自己年龄的保养品,不知道25岁以前重点解决油脂分泌问题,25~35岁着力预防衰老,40岁以后主要对抗皱纹。

(2)使用不符合自己皮肤状况的保养品,在使用高机能产品前不做皮肤测试。

(3)每天使用6种以上的护肤品。

(4)同时使用几种精华素。

(5) 一次用两种或两种以上的面膜。

特别提示:

1. 很多油性皮肤的人根本不需要整张脸都保养,一瓶具有保湿功能的产品事实上就是最经济、最有效的选择。

2. 很多女性眼睛周围都有脂肪粒。它的产生除先天性体质的因素外,最普遍的原因是她们使用了蜡质成分含量过高的眼霜。

停止使用该种产品一段时间即可改善这种由保养过度而衍生的皮肤问题。一部分女性去美容院挑破肉芽的做法是适得其反的,还可能在清理过程中因卫生措施不当而引发新的问题。

13种坏习惯让你加速衰老

你有没有想过这样的可能，在不间断地细心呵护下，在表面看来光滑细腻、没有瑕疵的肌肤之下，老化却悄然降临？那么，究竟是哪些原因导致肌肤提前出现衰老状况呢？

每日用热水洁面=皮肤干燥

在以往的洁面观念中，用无刺激感的温水或者采取冷热水交替洁面都是十分科学且对皮肤有益的。不过新的研究正在渐渐修正这些观念。最近的肌肤护理研究发现，无论是一直用25度左右的温水洁面或是用冷热水交替洁面，都会让皮脂膜更为干燥，而冷水洁面则不会出现这样的问题。

皮肤专家认为，0度左右是洁面的最佳温度，如果觉得这样的温度过低，一般自来水的温度亦可。

丰富洁面泡沫+清洁工具=皮肤粗糙

彻底清洁肌肤是护理肌肤的第一步，但并不表示泡沫越丰富，清洁效果越好。实际上，丰富的泡沫会使对肌肤有保护作用的皮脂大量流失，从而引起皮肤干燥粗糙。

此外，长期使用洁面辅助工具，比如洁颜棉、洁颜刷、洁颜巾等，会使你的肌肤变得粗糙。其实，你的手指就是最好清洁工具，只有它能最准确地感知肌肤的状态，进行最温和的洁肤工作。

经常去角质+果酸类保养品=皮层变薄

去角质是改善肌肤粗糙、毛孔粗大及粉刺的直接方式，一般每周一次去角质护理即可帮助角质层正常代谢。但有些油性肌肤或混合性肌肤的女孩子通常会选择每周两次或更多，这样就会使皮肤变薄和变得更为敏感。

同时，如果你的日常护肤品中多含果酸、A酸类成分，那就更不适合反复去角质了，皮肤专家说："如果在显微镜下观察你此刻的皮肤，就像被猫抓过正要出血前的样子。"

从来不用磨砂类产品+果酸类产品=肌肤循环受阻

虽然过度使用磨砂类产品和果酸类产品会对皮肤有伤害，但是如果从来都不用，那对皮肤同样是有伤害的。

有些女孩子从心理上抗拒去角质产品，以及任何含果酸成分的产品，认为远离它们是保护肌肤不受伤害的最佳方式。事实上，这样的做法是错误的。随着年龄的增长，代谢不一致的肌肤细胞逐渐让肌肤变得粗糙暗沉，甚至影响到真皮胶原组织的增生，进而使老化现象提前报到。而一周一次的去角质是促进肌肤循环的最佳方式。

用力按摩+大量按摩霜=皮肤色斑及松弛

在使用按摩霜进行皮肤按摩时，为获得更好的手感，很多女孩子往往会使用大量的保养品，而在按摩后又不把剩余的按摩霜搽去，反而直接睡觉。你知道吗，这种行为是在迫使你的肌肤停止呼吸，所造成的结果就是，使得肌肤加速衰老。

另外，在按摩时如果用力过度，就会拉扯肌肤，破坏肌肤的组织结构，造成松弛及皱纹提前产生。因此，按摩时一定要顺肌肤本身的纹路方向，用力道较轻的中指和无名指指腹进行按摩，才不会造成肌肤负担。

频繁使用喷雾=肌肤深度缺水

很多女性爱用喷雾为肌肤补水，喷雾刚接触到肌肤的时候确实能达到舒缓与镇定肌肤的功效，还能带来柔润舒爽的感觉。

但是，当喷雾在肌肤上停留几秒的时间后，我们就应该用化妆棉将它轻轻地拭干。因为，如果我们一直让水分停留在脸上不去管它，那么在水分蒸发的时候，肌肤表面的盐分结晶会从肌肤内部吸走水分，长期如此，就会造成肌肤深度缺水。

其实，喷雾水最多在肌肤逗留 30 秒，就该轻轻拭干，然后涂抹保湿产品。

以为涂抹了防晒霜就肆无忌惮地大晒特晒=肌肤“光老化”

在防晒观念逐渐被重视的过程中，不少女性也进入了以为涂了防晒霜就可以长时间待在阳光下的误区。实际上，防晒霜需要每隔 2~3 小时就补涂一次，同时，防晒的有效成分在 10~20 分钟后才能发挥保护效果。

并且，防晒品和其他护肤品一样，都需要根据肤质使用，油性的肌肤宜选择渗透力较强的水性防晒用品；干性肌肤宜选择霜状的防晒用品，才能发挥最佳效果。

超时敷用面膜=肌肤过敏

自从有了睡眠面膜的概念，很多女性都开始敷完面膜后不洗脸便直接入睡，因为她们认为“睡眠面膜”就是睡觉的时候也可以敷着它过夜的面膜。

事实上，任何面膜在脸上停留的时间都不该超过 15 分钟。因为面膜纸变干后，会从肌肤中吸收水分，同时也阻隔了空气中的自然湿润成分和皮肤的接触。

那些号称可以涂在脸上过夜的涂抹式面膜就好比一张毛孔面罩，它让我们的皮肤不透气、无法呼吸，从而影响皮肤的营养吸收和油脂的正常分泌，严重的时候还有可能引起过敏。

长期使用撕拉式面膜=肌肤松弛，毛孔扩大

当青春痘还处在白头或黑头粉刺阶段的时候，我们可以通过使用含有 BHA 成分的去痘产品来去掉它们。

但是如果它已经有了发炎的症状，比如说伴随着红肿和疼痛，那这个时候，普通的护肤品就帮不上忙了，只有部分具有舒缓和镇定效果的药用护肤品才能减轻部分的不适感。

而那些标榜能清除毛孔内脏东西的撕拉式面膜，是在任何暗疮阶段都不适用的。如果你坚持使用，只会进一步引发皮肤感染，甚至导致毛孔扩大、肌肤松弛等糟糕的情况出现。

厚重晚霜+多重精华素=肌肤慢性过敏

夜间是肌肤护理的重要时刻，由于肌肤在白天需要耗费大量能量去对抗紫外线及污染，因此夜间成为皮肤修护的最佳时刻。但这并不表示夜间就应涂抹大量厚重的面霜为肌肤补充营养，因为大量厚重的面霜会阻隔肌肤的呼吸。

同样的道理，多重精华素的使用也会阻隔肌肤的呼吸，从而造成肌肤的慢性过敏。

只注重保湿，不注重抗氧化=肌肤暗沉

水分是维持角质细胞健康的基本要素，一旦皮肤变得干燥，这就成为肌肤老化的序幕。但是，我们只要一直注重保湿，就能让肌肤远离老化吗？

事实上，在生活中潜藏的大量污染源，如紫外线、辐射及电磁波等，都会造成肌肤老化。为此，我们必须配合均衡饮食补给，并做好抗氧化的防护工作，才能保证肌肤的健康。

所以在注重日常保湿的同时，我们也需要适当地使用抗氧化的皮肤护理品，预防因为氧化而造成的皮肤老化和暗沉的出现。

打圈按摩你的眼周=眼纹出现

眼周皮肤是面部皮肤最薄的部分，如果你使用按摩其他部位的力度按摩眼周，那就容易导致眼周皮肤中弹性纤维的流失，使肌肤松弛、小细纹横生。因此我们在使用眼霜时，指腹的轻拍和轻轻按压能有效促进循环，帮助淋巴液排出，加速眼霜吸收。

经常性在皮肤上使用类固醇药膏=皮肤免疫力下降

类固醇药膏是一种激素类药物，当外搽在皮肤上时，能很快地治愈皮肤问题（如丘疹、红斑、蜕皮等）。

这类药膏不仅能缓和过敏引起的发痒，甚至能让人觉得在使用之后皮肤变白了，因此，很多女孩子就以为这类药膏是一种比护肤品更有效的神奇东西。其实，这类药膏仅适合短期使用，若长期使用，它就如毒品般会逐渐失去效

果，需要不断加大使用量才能持续其功效，而肌肤本身的免疫力则降到最低，最后迅速地老化。

11种好习惯让你越来越年轻

吃早餐——可以让你年轻1岁

虽然“早吃好，午吃饱，晚吃少”这句俗语人人晓得，但你知道为什么早餐对女性来讲特别重要吗？

首先，你得知道，女性不吃早餐就会老得很快。人在睡眠中，胃仍在分泌少量胃酸，如果不吃早餐，胃酸没有食品去中和，就会刺激胃黏膜，导致患胃病和身体缺乏蛋白质，从而导致皮肤干燥、起皱和贫血等，加速人体的衰老。

其次，吃好早餐不易发胖。早餐不吃或吃得太简单的人，等到午、晚餐的时间就会比吃过早餐的人感觉更加饥饿，也因此会比吃过早餐的人进食更多的食物。结果是，在午、晚餐摄入的食物直到晚上睡觉前依然无法消耗，带着多余热量入睡，当然就变胖了。

最后你需要注意，健康的早餐应该以纤维性食物和水果为主，而那些含有大量油脂的汉堡或薯饼等垃圾食品在早餐时间最好不要食用。

每天快走半小时——可以让你年轻3岁

锻炼身体有多种形式，“快走”就是其中一种。据《美国医药学会季刊》报道，“快走”有利于女性的身心健康。

研究还指出，中老年女性每天快走30分钟，对于预防糖尿病、心脏病、骨质疏松症、中风以及某些癌症，都具有良好的效果。没有运动习惯的女性，只要从现在开始每天快走30分钟，也能达到强身健体的良好效果。

那么，走多快才算是“快走”？研究报告指出，如果在12分钟内走完1公里的距离，这样的速度就可以称之为“快走”了。

睡眠充足——可以让你年轻3岁

法国科学家的研究结果显示，睡眠是最经济实惠的美容方法。

女性最好一天能睡7小时，优质的睡眠能让身体自然产生更多的成长荷尔蒙，而成长荷尔蒙是抗老化最重要的化学成分。优质的睡眠还能改善皮肤末梢的循环，消除皮肤毛细血管的淤滞，充分供应皮肤组织细胞所需的营养，纠正和预防皮肤早衰。

研究人员还表示，女性睡眠不足不仅会影响到皮肤，而且会导致心血管疾病和抑郁症等各种心理疾病。

多吃蔬果谷类——可以让你年轻4岁

在东方人中，许多癌症如乳癌的发生率比西方国家低很多，东方女性患乳癌的几率只有美国的四分之一，而东方女性的食物高纤低脂就是其中很重要的原因。

美国食品及药物管理局称，谷类食品有减少患心脏疾病危险的功效。如果每天吃100克大麦麸，就能有效降低人体血浆中胆固醇和糖的浓度，与注射胰岛素的效果几乎一样。

此外，大麦纤维还可以促进对健康有利的细菌在肠道里生长，提高人体免疫力。

因此，为了美丽和健康，我们每天应该：

1. 多吃粮谷类食品和适量的粗粮，每天最好摄入300克至500克。

2. 多吃蔬菜水果，每天最好摄入蔬菜400~500克，摄入水果100~200克。

牙线剔牙——可以让你年轻4岁

科学家发现，牙周病与免疫系统失调及心脏血管有相当大的关系，有效使用牙线，可以预防牙周病，进而减少因牙科疾病而引发的其他疾病。

所以说牙线是一种十分出色的洁齿工具，也是预防或减少牙疾病最方便理想的护牙用品。也许你以前从未听说过，或者是从来没有接触过牙线，那么从现在开始你应该培养这样的好习惯了。只要能够坚持在三餐之后、刷牙之前使用牙线，并持之以恒，你就能轻松地拥有一副令人羡慕的健康牙齿。

有氧运动——可以让你年轻 4 岁

所谓有氧运动，是指运动时有充足的氧气供应、以有氧代谢为主要能量来源的运动。有氧代谢是人体内最彻底的代谢形式，代谢的过程只产生二氧化碳、水，几乎不生成对身体有害的物质。

那么有氧运动对身体健康究竟有哪些好处呢？简单说来，有氧代谢运动能够改善心肺功能；预防和控制高血压、糖尿病、高血脂；减少多余脂肪；增加骨骼密度；改善心理状态；改善睡眠质量等。

有氧运动进行起来一点都不复杂，我们生活中很多运动方式都属于有氧运动，比如：步行、爬山、划船、游泳、有氧操、自行车、缓步跑、太极拳、排球、羽毛球、篮球、网球、乒乓球、社交舞蹈，等等。

学习——可以让你年轻 5 岁

学习，是人的一生中不可或缺的重要环节，也是塑造自我、改造自我的重要步骤。

为什么说热爱学习的人永远年轻呢？其实道理很简单，因为她们那颗求学的心未老、毅力未衰，人当然也就越发的年轻了。

而且，学习新的课程，可以让人的恢复年轻岁月的记忆，进而让人的精神面貌也体现出年轻的感觉。

优质的性生活——可以让你年轻 6 岁

任时光流逝，你却像在保鲜箱中生活一样，依然年轻貌美、精力充沛，这些都是女性梦寐以求的事。美国哈佛医学院心理学专家指出，女性只要改变一些“小”习惯，就能轻松“永驻青春”。

研究证实，每周保持 3 次左右性生活的中年人比其他“无性”同龄人，看起来要年轻 12 岁。研究人员表示，女性在性生活过程中，大脑会分泌一种激素。

它能减轻压力，使“时光倒转”。此外，愉悦的性生活，能让人睡得更香甜，皮肤自然也更白皙光洁。

大笑——可以让你年轻 7 岁

大笑除了能使人心情变得舒畅外，还可以起到健身的效果。国外科学家的研究结果表明，大笑 1 分钟相当于运动了 45 分钟，而且大笑的人每分钟消耗的热量比不笑时多出 20%。

不良的心情不仅会导致乳房出现如疼痛、包块、增生等疾病，还会让这些疾病慢慢恶化，而“天天大笑”则是缓解这种情况的良药。当人大笑时，可令心血管系统加速运行、胸肌伸展、胸廓扩张、肺活量增大，血液中的肾上腺素会增多，人也因此变得更加健康和年轻了。

每日小酌一杯葡萄酒——可以让你年轻 9 岁

将一个苹果放在空气中，很快就会变黄了，因为它被氧化了。同样的，在日常生活中，每分每秒你都在被氧化，而被氧化的结果就是导致皮肤的老化。我们不得不思考：如何抗氧化？

科学研究表明，红酒是一个不错的抗氧化选择。一家权威的香港媒体和科研机构对多种蔬菜和水果进行了测试，证实葡萄籽的抗氧化能力大大高于其他富含维生素 C 和维生素 E 的食品，而用葡萄酿成的红酒因经过发酵，其抗氧化能力大为提高。

所以，每天小酌一杯葡萄酒，不但能美容，还有助心脏功能健康。但需要注意的是，每日饮用量最好限定在一小杯，别饮过量，否则反而会造成心脏血管负担。

小贴士：

要饮红酒保健，一定要有恒心，一星期至少饮 5 日，每日以 1 杯为宜，约 100~125 毫升，坚持至少一年，这样才能起到最好的效果。

此外，红酒虽然含有抗氧化物，但开瓶接触空气后，红酒会慢慢氧化、变味，营养成分可能因此减少。如果一次饮不完一瓶的话，应该买个真空塞，每次饮完抽走瓶中空气后再塞好，储存在室温环境中。但即便这样，开瓶后的红酒也只能存放一个星期。

保持稳定的理想体重——可以让你年轻 15 岁

忽胖忽瘦的体形不但有害你的健康，还会对你的皮肤造成致命的伤害。因为身体忽胖忽瘦，导致皮肤也跟着不断拉伸或收缩，长久下去，皮肤便会弹性渐失，进入早衰状态。所以，对于女性而言，保持稳定的理想体重是一件非常重要的事情，你必须时刻关注自己的体重变化，并且做出应对。

当然，稳定的体重也时常有小的变动，正常的变化幅度大约为 1 公斤左右，因此你没有必要因为天平的指针有一点点的变动而大惊小怪。但是，如果你的体重在一个星期内增加了 2 公斤以上，你就应该做出反应了。这个时候你需要做的就是制订一个小小的节食计划，比如：你可以每周拿出一个或两个晚上只吃鱼、生的或煮过的蔬菜。

如果这样你的体重还在增加，那就说明你没有进行足够的体育锻炼，又或者你的饮食结构不够均衡，这就需要你更多地关注自己的生活习惯和饮食习惯了。

夜间保养品要怎么用才有效

晚 10 点以后人体的新陈代谢速度逐渐减缓，白天紧张缩闭的毛孔渐渐开始放松，肌肤开始集中地进行内部更新和优化，刺激胶原蛋白重生及修复受损害的 DNA。面对这个美容护理的最佳时刻，晚霜、精华素、面膜……各种夜间护理产品，你该如何正确使用？是选择其中的一两种，还是全部都用在脸上？

彻底清洁，为肌肤排毒

夜晚皮肤的屏蔽功能相对减弱，使得更多的不良物质得以趁虚而入，因此，我们在做任何护理之前，一定要将皮肤彻底地清洁干净。首先我们应该选择卸妆油或卸妆液清洁肌肤，然后使用温和的洁面乳完成“二次清洁”，将之前的卸妆油和残留在肌肤表面的彩妆一并洗去。

挑选卸妆油时，油性肌肤可以选择主要成分是矿物质和人工合成酯的卸妆油，它清洁力强，在卸妆的同时，还可以一并洗去皮肤分泌的多余油脂。

涂抹晚霜，应注重基础修护

一般来说，中性肌肤选择保湿修护晚霜就够了。如果肌肤觉得干，可以加大柔肤水的用量，然后再在脸上拍上保湿晚霜。

为肌肤做“大油量”护理，即便你是缺油性肌肤，也有可能会出现油脂过剩的“油脂粒”现象。一旦出现这种现象，你就需要调整晚霜的使用，让皮肤自行调节复原。具体做法是，改用啫喱状晚霜或者是保湿控油晚霜。

精华素，让熟龄肌肤驻颜

精华素是为成熟肌肤而设计的，它的分子要比晚霜细小，渗透性和功效都高于晚霜。具有抗衰老功效的维生素A类、辅酶Q_{10}、银杏精华素都是熟龄肌肤的首选。

面膜保养，为肌肤充电

在使用面膜后的12小时内，肌肤的状态应该说是非常好的。做完面膜后，应该立即为皮肤拍上晚霜，用其中的油分将面膜中的营养“锁”在肌肤里面，减少流失。

除了成品面膜，你也可以用面膜纸和爽肤水自制面膜。具体的做法是将面膜纸放在小盖子里，用爽肤水将其完全浸泡，然后展开敷在脸上。

Part 2. 减肥也是保养的一部分

有些女孩子会以为，减肥只是为了让自己穿衣服看起来好看一点，其实，穿衣服好看只是一方面，更重要的是，紧实有型的身材是让女人看起来比真实年龄更加年轻的重要因素。

紧实的身材让你看起来更年轻

你是否对“垃圾食品”已经到了痴迷的程度？你是否时常叫外卖，肯德基、麦当劳和各种 Pizza 连锁店的外卖送餐员即使闭着眼睛也能找到你家？你是否觉得自己身体上到处是赘肉，粗壮的大腿像是硬塞进牛仔裤里，而且脸上净是痘痘？

如果你觉得自己的情况和上述的状况差不多的话，那你就得注意了。这些状况表明，你的身体正在被过多的脂肪充斥着，而你的肌肤也在加速老化，你的表面年龄将比你的实际年龄大得多。

怎么办？当然就是减肥了。

你不要一看到减肥就觉得头痛，就觉得那就是节食 + 疯狂运动的代名词。其实不是，减肥也可以很简单，不需要疯狂的运动，更没必要节食。你只要做到下面几点，你的体重就会很快到达一个正常的水平，而你看上去也会比减肥前年轻不止 10 岁。它们绝对奏效，而且简单易行。

精细的食物并不一定是好的

喜欢吃面包、土豆和米饭吗？和它们说再见吧。面粉仅仅会分解成糖，过多的糖不仅有害，而且当体力消耗最大时，你很快就会支持不住，时间不长就会觉得饿。然后，你就会越吃越多，直到你睡去。第二天当你醒来，吃一个面包，然后又会开始这样的恶性循环。

少吃精细的食物，坚持吃全麦面包、红薯和糙米，等等，它们对你的健康有益，会让你具有长时间的饱足感，并且会让你的脸看上去不会“肥嘟嘟”的。

绿茶是盛在杯子里的青春

喝绿茶是保持健康最常见的方法。绿茶中含有抗氧化剂，这是众所周知的能防止癌症的物质，同时它还能降低得风湿性关节炎、高胆固醇血症、心血管疾病和传染病的概率，并且提高人体免疫力。每天喝 3~5 杯绿茶为宜，当然你可以再挤点柠檬汁来增加口感。

培养良好的习惯

接下来的几条规则不是关于食物的，而是习惯。它们是：

1.调整你的三餐

许多人不吃早饭，中午也吃得很简单，而一到晚上就大餐一顿，这样做的后果就是无可救药的发胖。虽然这是老生常谈，但是丰盛的早餐、少一点的午餐和更少量的晚餐确实是让你迅速瘦下来的不二法宝。

另外，在晚上 9 点之后就别再吃任何东西了。想象一下，上床时胃没有任何负担，它不用集中血液来消化你刚吃的食物，这是多么快乐的事啊。你会睡得更好，而且当你醒来时，你会有一个好胃口。

2.只吃八分饱

每次只吃八成饱，长期这样做是明智的，这不但能有效减轻胃的负担，让它更有活力，并且对于维持美妙的身材绝对有效。当然你可以偶尔吃点自己想吃的任何东西，比如周一到周五正常饮食，到周末可以小小地放纵一下。

3.爱自己

这听起来会有些不实用,但它确实是一切的核心。快乐地做自己,微笑着拥抱生活,对小事都感到新奇会让你年轻,这些都会在你的脸上表现出来。热爱生活,热爱自己,感激你拥有的一切,每天醒来为了还活着而激动。如果你不会自然地这样做,那么先假装,直到你能自然而然地感觉到。

教你最简单实用的瘦身小动作

这是一组不需要哑铃,甚至不需要穿鞋子,用不着离开家、离开房间,只要有床、有沙发、有长椅、有小块儿地毯就可以开练的便利操。坚持下去,会让你的肌肉更紧实,皮肤更细、更光滑。

抬腿——减肥重点:腹部、臀部

动作:坐在床沿上,双脚分开,平放在地面上,抓住床沿,抬双腿与臀部同高。保持姿势,双脚一齐用力并拢。放下双脚,回起始位。重复5~10次。

拱桥——减肥重点:手臂、腹部、背部、腿

动作:俯卧,后背绷直,用前臂和脚趾支撑身体,颈部与后背在一条直线上。B向上抬起臀部,使身体成倒V字状,头在双臂之间。保持姿势。放松。重复5~10次。

扭转——减肥重点:腹部、背部

动作:站姿,双脚同肩宽,向上伸展双臂,在背部交叉,右手触左肩,左手触右肩,收腹向左侧扭转躯干,静止姿势5秒,回中心位置,向另一侧扭转。做5~10次。

长椅眼镜蛇式——减肥重点:腰部、腹部

动作:脸向下,趴在长椅上(床沿),左脚放在地面上,左脚尖与肩在一条垂

直线上,向后伸右腿,挺胸,双手支撑长椅(床沿)。

提高版:向上抬右腿,同时用右手向后去够右腿,抓住右踝关节5秒钟,向下放右腿至起始位。交换,重复5～10次。

T字形——减肥重点:腹部、背部、大腿后侧

动作:双脚并拢站立,缓慢由臀部开始向下弯曲身体;双手指尖触地。向后抬高左腿。如果感觉有难度,可以略微弯曲右膝。保持姿势数到5,放下左腿,换右腿。重复5～10次。

疾跑与横跨步——减肥重点:臀肌、股二头肌、股四头肌、大腿内外侧

动作:在地上量出8米左右的距离,将两块石头或其他标志物分别放于两端,从一端全速跑向另一端,然后返回。在跑动过程中,身体稍稍前倾。

以横跨步方式绕一圈:身体下蹲,膝盖弯曲,后背挺直。左腿向左侧横跨一大步,然后左腿跟进。身体重心放于脚步后跟处,注意膝盖不要超过脚趾,整个过程中,尽可能贴近地面。返回时先迈右腿。上述所有动作重复一次。

够门框——减肥重点:小腿

动作:站在门口,两脚分开,与肩同宽,膝盖微屈,手臂向上伸。脚跟抬起,脚掌着地,然后向上跃起,用手去够门框,或是墙上的某个点。落下时脚掌着地(注意不要让脚后跟着地),重复练习20次。

洗澡后按摩最减肥

洗澡后你一般干点啥呢?是马上上床睡觉了么?别急,洗澡后花半个小时给自己做个全身按摩,减肥效果比什么都好,不信今晚就试试。

手　臂

按摩方法：

1. 手臂稍微弯曲，另一手从指尖往上臂方向，直线式按压。

2. 将手臂伸直，另一手掌抓住伸直的大手臂，用力旋转手臂的肉，伸直的手往反方向旋转。

目的：消除手臂上的赘肉，跟蝴蝶袖 say bye bye！

胸　部

按摩方法：挺胸，左右手掌交替将胸部往上托起，由外向内、由下而上，两边各做至少 30 下。

目的：防止胸部下垂、紧实胸部。

侧腰部

按摩方法：

1. 双手由后往前用力推挤。

2. 用力捏起腰部两侧赘肉，由外而内边捏、边推，抓松腰部和腹部的赘肉。

目的：消除腰部的游泳圈，让腰部线条更纤细。

腰腹部

按摩方法：画圆按摩腰腹部赘肉。

目的：消除腰腹部赘肉，使腰腹更平坦。

臀　部

按摩方法：左右手掌交替拍打臀部，从臀部下方往上用力拍打，也可以用力揉捏。

目的：防止臀部下垂，提高臀线。

大　腿

按摩方法：双手伸到大腿下侧，左右手交叉环住大腿，顺着大腿弧度，由内而外再由外而内用力推揉。或者,从膝盖往大腿方向,由下而上画圆按摩。

目的:对付腿部橘皮组织,美化腿部线条。

小　腿

按摩方法:双手交替往上推边拍打,双手握拳,利用指关节由下往上按摩小腿。

目的:消除罗圈腿。

洗澡是每个女孩子每天的功课,如果利用洗澡后的5分钟就可以轻松减肥的话,千万不要错过这既简单又实用的减肥方法!

美丽大腿护理速成法

如果你想在两周内就穿上迷你裙或运动小短裤,但又为大腿看起来略胖、不成比例而伤透脑筋的话,别担心,这里有一帖两周内见效的“速效药”,让你自信满满、风光无限,而且只要躺着运动就行。

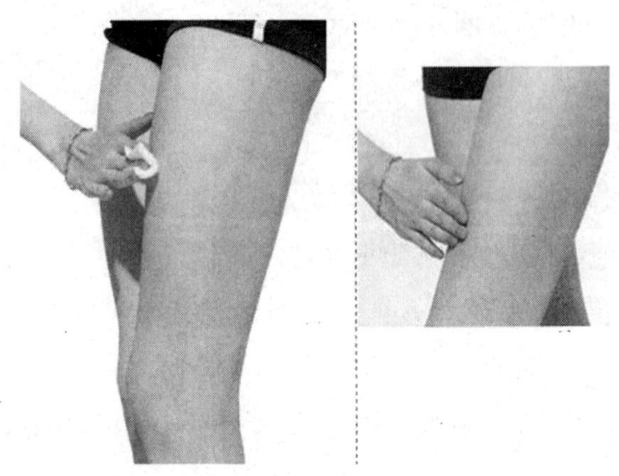

1. 平躺,将双腿伸直并抬起,和床面成90度。慢慢将双腿在空中尽量像剪刀般打开后,停5秒钟,再将双腿闭合,连续做10~15下。每天做1~2次。

2. 平躺,将双腿伸直并拢抬起,和床面成45度。将双腿在空中尽量像剪刀般打开后,停5秒钟,再将双腿闭合,连续做10~15下。每天做1~2次。

3. 平躺，双腿弯曲贴近胸部，再向上伸直，与身体垂直。反复进行。

4. 平躺，双脚完成蹬自行车的动作，越快越好，锻炼大腿和臀部肌肉。

5. 侧躺，并用左手撑着伸直的身体，右手放轻松即可，先练右大腿。将整个右腿伸直，尽量往上抬，抬到最高处后，停5秒钟再慢慢放回左腿上。连续做10~15下。每天做1~2次。左腿比照同一方法修炼。

注意，这个运动一定要天天做，不能偷懒才会有成果。

此外，一些合理正确的运动对健美腿部也很有效，如步行、跳绳、游泳、慢跑、跳健美操等运动，可以帮助腿部肌肉变得结实有弹性，其中最有效的是游泳，运动全身肌肉尤其是双腿，对改善双腿曲线特别有效。如果时间、条件有限，在办公室中也可进行美腿运动：

1. 坐在椅子上，单腿屈放于另一脚大腿上并伸直，小腿肌肉绷紧。单脚进行10~20次，反复练习。锻炼脚踝肌肉，消除脂肪。

2. 握住椅把或桌角，进行脚踝伸直运动。对小腿上较发达的肌肉有紧缩效果，预防皮下脂肪堆积。反复练习10~20次。

3. 坐在椅子上，双腿伸直，然后抬起，越高越好，尽量保持数秒钟。

如果想要纠正不美的腿形如O形、X形等，就需要到专业机构参加训练，配合纠正。

另外，很多女孩子的大腿上经常出现小红疙瘩，这其实是皮肤的毛囊炎，主要是干燥、角质层增厚、穿了紧身裤摩擦造成的。想要这些小红疙瘩消失，只要拿出一段时间停穿紧身裤就好了。

用瑜伽练出完美身段

在人们纷纷追逐时尚潮流的今天，更多女性注重由内而外的美丽，故而瑜伽不再是陌生的名词。

瑜伽能够调节身体内部循环系统，促进神经系统和内分泌系统，轻柔的按摩和伸展令身体每一个部分都受益。

下面，教大家几招简单的瑜伽动作，只要每天花几分钟认真练习，你就能又瘦又健康。

第一招

姿势要点：站立，双腿分开，呼气，上半身从髋部前倾，双手支撑地面，背部伸展，抬头，保持姿势 3~5 次呼吸。

功效：伸展背部，促进血液循环，向头部和面部输送血液。

第二招

姿势要点：跪姿，双膝打开一肩宽，双手扶腰，吸气打开胸廓，呼气身体向后伸展，髋部前推，保持 3~5 次呼吸，吸气带回身体。

功效：伸展脊柱，促进血液循环。

第三招

姿势要点：仰卧，吸气，双腿离地，向上伸展，保持姿势 5~7 次呼吸。呼气，双腿缓慢落回。

功效：使更多的血液流向头部，可有效排除毒素，恢复健康肤色。

第四招

姿势要点：坐姿，屈左膝，左脚跟靠近右侧臀部外缘，脚背落地，屈右膝，右脚脚掌落于左膝外侧，右手在臀后支撑地面，左手肘部抵靠右膝外侧，手扶臀部，伸展脊背，打开胸廓，转头向右，保持姿势5~7次呼吸。换边重复。

功效：滋养背部神经，按摩腹内脏器，刺激肠胃蠕动，消除便秘问题。

第五招

姿势要点：同三角式站立，右脚外转，左脚内扣，屈右膝，上身向右侧伸展，右手肘部支撑于右膝上，左臂向头顶的方向伸展，转头向上看，保持姿势3~5次呼吸。换边重复。

功效：刺激体侧的淋巴系统，提高免疫力。

第六招

姿势要点：仰卧，双腿并拢，吸气双腿伸直向上抬起，逐渐抬起臀部、背部，脚尖在头部后方落地，双手扶住中背部，保持姿势5~7次呼吸。呼气松开手，缓慢落回。

功效：使血液自然流向头部，滋养面部和头皮，同时对消化系统、内分泌系统有平衡作用。

第七招

姿势要点：仰卧，屈双腿，脚跟靠近臀部，吸气抬起臀部背部，双手支撑腰部，保持姿势5~7次呼吸。

功效：强壮背部和臀部肌肉，伸展脊柱，滋养甲状腺。

小贴士：

1. 姿式缓慢，步骤分明

注意力集中于练习过程中体内所产生的感觉，要尊重自己的感受，让自己感觉舒服。

2. 关注呼吸

深度的腹式呼吸能增加血氧饱和度，人体组织细胞养分充足，自然精神饱满、内心平和。同时也能促进体内毒素的排出，加速细胞生长，令面色红润。

由内美到外，经络塑身材

经络塑身，就是利用“气”使身体内部的新陈代谢更趋于健康和顺畅，这样不仅使人变得苗条，还有利于内脏的保健。现在就遵照下面的步骤开始你的健身计划。

调节消化系统

1. 两腿打开，坐于地上。

2. 双手在头顶交叉，掌心向上。

3. 身体向一侧倾斜，在贴近腿部时，做深呼吸，静止 3 秒后，转向另外一侧。

美化胸部曲线，促进内脏功能

1. 两腿盘坐于地上，挺胸抬头。

2. 双手交叉握住膝盖，腰部稍稍弯曲。

3. 上身下沉，贴近膝盖，做深呼吸，返回初始动作，注意两脚上下依次轮换。

针对腰部的多余赘肉

1. 跪坐，身体后倾，用双手支撑。

2. 将肘部慢慢弯曲，注意力度适中，使身体完全躺下，让腰与背部的肌肉放松。

3. 两手在头上方交叉、翻掌、深呼吸，使身体最大限度地伸展，静止 3 秒后，再次深呼吸。

针对寒性便秘

1. 正直站立，双脚与肩同宽，双手拇指相扣，其余四指正常打开。

2. 身体前倾，腹部、胸部、颈部依次下沉放松，两手从身体后侧向上伸展。

3. 抬起下颌，使胸部充分伸展，深吸一口气，静止 3 秒后呼出，使身体充分

放松。

4. 将膝盖弯曲，双手自然下垂，从头部起依次慢慢抬起，返回初始动作。

针对臀部的多余赘肉

1. 双手支撑，跪于地上。

2. 抬起右腿，使大腿与地面平行，保持3秒钟。

3. 一边呼气，一边继续向上抬起大腿。之后返回前一动作，重复8~10次后，换另一条腿。

拉伸腿部肌肉

1. 双手与肩同宽支撑，左膝弯曲，右腿后伸。

2. 正坐后，双手及上身向前伸展，慢慢呼气。

3. 左脚向前伸直，右脚贴近大腿内，身体尽量下压。

4. 保持这个姿势，使左腿由内侧向外侧顺时针转动。

5. 双手在腿部外侧撑地，同时将弯曲的腿向后伸直，将直腿向内弯曲，换腿重复。

针对萝卜腿和啤酒肚

1. 双脚脚心对拢，双手从内侧握住脚踝，选择一个你认为最舒适的坐姿。

2. 将双手从内侧平放与脚上，两肘自然弯曲。

3. 上身前倾下压，头部自然下垂，拉伸颈部及腿部肌肉，并做深呼吸。

吃出来的好身材

不少女性，由于长期坐办公室，压力大、活动量小，引起身体肥胖。因此，办公室女性除了加强运动外，还应该在饮食上适当进行调理，吃出苗条和健康来。

要想吃出健康和苗条，就需要在注重合理膳食的同时，特别注意补充一些人体需要的特殊成分：

叶酸

叶酸是维生素B复合体之一，有促进骨髓中幼细胞成熟的作用。

如果人类缺乏叶酸，就会引起巨红细胞性贫血以及白细胞减少症。近几年来，国内外学者陆续发现了叶酸的不少新用途，其中包括：抗肿瘤作用；可作为精神分裂症病人的辅助治疗剂，对此病有显著的缓解作用；此外，它还可用于治疗慢性萎缩性胃炎、冠状动脉硬化症、心肌损伤与心肌梗塞等。

1.缺叶酸的典型表现

叶酸缺乏体现在心脑血管疾病和结石堵塞泌尿系统方面。

2.富含叶酸的食物

叶酸通常在水果和新鲜蔬菜中含量较高，其中又以柑橘类水果和绿叶蔬菜含量最为丰富。比如：芦笋、花椰菜和麦片。

维生素B_6

维生素B_6对女性特别有用。它能防止痛经、缓解妊娠呕吐、控制孕妇浮肿，对神经衰弱、眩晕或一些皮炎也有治疗作用。此外，由于它有增强机体免疫系统的作用，也能减少体内某些致癌物质的合成。

1.缺维生素B_6的典型表现

主要表现在皮肤和神经系统上，比如：舌苔厚重，嘴唇浮肿，头皮特多，口腔黏膜干燥。

2.富含维生素B6的食物

金枪鱼、牛肉、鸡胸肉、香蕉和花生等。

维生素C

维生素C是人体新陈代谢必需的辅助化学物，没有了它们，身体就不能正

常地运作。维生素 C 能有效防止坏血病、保护细胞膜和解毒、治疗贫血、抗癌、提高人体应激能力和保护心脏功能。

1.缺维生素 C 的典型表现

早期症状:牙龈疼痛出血、鼻出血、无力、食欲减退、皮肤干燥、伤口愈合不良、血管脆性增加。严重缺乏时体内不断出血,导致死亡。

2.富含维生素 C 的食物

哈密瓜、花椰菜、葡萄汁、橙汁、草莓、青椒等。

维生素 E

维生素 E 具有保护细胞不被氧化、治疗内分泌失调的不孕症、防止细胞癌变、强化肝细胞的解毒能力、预防中风、促进血液循环、刺激分泌激素等功能。

1.缺维生素 E 的典型表现

面部、踝部和腿部肿胀;肌肉抽筋;心跳异常,呼吸困难;皮肤容易留下色斑;过早出现衰老症状。

2.富含维生素 E 的食物

花生酱、葵花油、榛子、腰果等。

钙

人在 25 岁以前身体是主动性吸收钙,25 岁以后是被动吸收。因此,人们 50 岁以后,个子慢慢变小,就是缺钙造成的,而女性比男性更缺钙。

1.缺钙的典型表现

皮肤显得松垮,衰老;眼睛易近视、老花;血管缺弹性易硬化。孕妇、哺乳期女性缺钙会引起自身腰腿痛、小腿抽筋、下肢浮肿等。

2.富含钙的食物：

奶及其制品、小虾米皮、海带、甘蓝菜等。

铁

铁是人体内需要的微量元素，是人体内合成血红蛋白的主要原料之一。铁血红蛋白的功能主要是输送氧到各个组织器官，并把组织代谢中产生的二氧化碳运输到肺部排出体外。

虽然铁有重要功能，但也不能摄入过量。如果没有患缺铁性贫血，就不要刻意补充铁，只要经常食用含铁的食物即可。

1.缺铁的典型表现

头晕，头痛，记忆力减退，思想不集中；胃肠功能动力不足，消化不良，食欲不振；心慌气短；抗病能力很低，容易感染各种疾病和发炎；女性出现不同程度的未老先衰的现象等。

2.富含铁的食物

含铁较多的食物有动物肝脏、肾、心脏、瘦肉、蛋黄、紫菜、海带、黑木耳、芹菜、油菜和西红柿等。很重要的一点，膳食中的蛋白质和维生素C能提高铁的吸收率。

镁

镁是维持机体正常所必需的矿物质之一，也是很多生化代谢过程中一个必不可少的元素。

镁可减少肝、胆、肾结石的形成，以及软组织的钙化；帮助血液循环及舒缓神经，维持正常的肌肉及神经活动；有利于脂肪代谢，是多种酶的激活剂；能大幅度降低心脏病的死亡率；有抑制癌症发生的作用。

1.缺镁的典型表现

神经反射亢进或衰退、肌肉震颤、手足抽搐、心律不齐、心动过速、情绪不

安、容易激动等。

2.富含镁的食物

荞麦、豆腐、杏仁等。

锌

锌能维持和促进视力发育;影响味觉及食欲;维持人体其他功能。

1.缺锌的典型表现

生长迟缓、免疫功能下降、皮肤损害、食欲下降、骨骼异常和生殖功能受损等。

2.富含锌的食物

牛肉、猪排、豆腐、牡蛎等。

Part 3. 皮肤保养，从清洁开始

其实皮肤清洁是一切基础护理的第一步，也是最重要的一步。因为，肌肤不干净，抹再多保养品都无法吸收。所以，皮肤的清洁工作需要我们引起重视。

清洁皮肤很重要

皮肤清洁是一切基础护理的第一步，也是最重要的一步。

人们在日常生活中，脸部皮肤很容易被周围的粉尘颗粒污染，皮肤自身也会产生油渍并留下一些死去的细胞，这时清洁皮肤就变得非常重要。如果我们不把皮肤里面的脏东西彻底清除，再好的水、精华、乳液和霜都不能被皮肤吸收。

皮肤的清洁做不好，很容易让皮肤慢慢变得粗糙，油性皮肤容易长痘痘、干性皮肤更容易缺水和肤色暗哑。所以，选一款品质非常优秀的洁面和卸妆品是非常重要的。

不过，如果你经常素面朝天的话，可以直接用洗面奶清洗。但如果使用了隔离、粉底、彩妆等，就一定要用卸妆的产品仔细将其卸掉。

此外，每个人的肌肤都有自己的特点，所以在选择皮肤清洁产品的时候，你必须针对自己的皮肤类型进行合适的选择。

选一款适合自己的洗面奶

洗面奶是我们日常生活中天天都要使用的护肤品，那么，怎么才能选到适合自己的洗面奶呢?首先，我们需要搞清楚洗面奶的基本清洁机理，只有这样，才能清楚地了解哪种洗面奶才是最适合自己的。

洗面奶的基本类型

1. 泡沫型

这个是大家平时使用最多的，泡沫型也叫表面活性剂型。它通过表面活性剂对皮肤油脂进行乳化而达到清洁效果。这类产品对水溶性污垢的清洁能力比较强。

2. 溶剂型

这类产品是靠油与油的溶解能力来去除皮肤表层的油性污垢。一般市面上的卸妆油、清洁霜等都属于溶剂型洗面产品。

3. 无泡型

这类产品结合了以上两种洗面产品的特点，它既含有适量油分，也含有部分表面活性剂，可以说是一种综合性洗面产品。

如何选择洗面奶

不同的洗面产品，其清洁机理也是不同的，而且使用肤感也不同，所以在选择的时候就需要结合自身肤质的需要。

1. 油性皮肤

油性皮肤因为皮肤分泌油脂比一般人多，所以需要选择一些清洁能力比较强的产品。通常建议此类皮肤选择泡沫型洗面奶，因为泡沫型产品去脂力强，又容易冲洗，洗后肤感非常清爽。

2. 混合型皮肤

这类皮肤主要T字位比较油，而脸颊部位一般是中性，或者是干性。所以这种皮肤要在T字位和脸颊部位取得平衡，不能只考虑T字位而选择清洁力非常强的产品，当然也不能只考虑面颊而选择去脂效果太差的产品。一般而言，无泡沫型洗面奶是此类皮肤较好的选择，而T区部位最好定期重点清洁。

3. 中性皮肤

这类皮肤是最容易护理的。一般选一些泡沫型洗面奶就可以了。当然如果在秋冬时候，感觉皮肤比较干的时候也可以改用一些无泡洗面奶。

4. 干性皮肤

这类皮肤最好不使用去脂力强的洗面奶。可以用一些清洁油、清洁霜或者是无泡型洗面奶。

如何避免陷入洗面奶的购买误区

为避免陷入洗面奶的购买误区，可从以下两个方面考虑：

1. 功效

因为洗面奶在脸上停留时间很短，一般就几分钟而已，而且最后还会冲洗干净，所以事实上一些有效成分很难在脸上残留。所以说，想靠洗面奶达到所谓的美白之类功效是很难的。

2. 价格

其实洗面奶最大的功效就是清洁，目前多便宜的洗面奶都拥有不错的清洁效果，所以我们不需要为此付出太多的钱。在购买洗面奶时，只买对的，不选贵的才是最明智的选择。

你知道自己应该怎么洗脸吗

每个人的肌肤都有自己的特点，针对不同类型的皮肤，如果能掌握相对应的洁肤密诀，你就拥有了第一把通向美丽的钥匙。

油性肌肤

皮脂分泌旺盛是油性肌肤的特点，虽然这样一来肌肤弹性好，不容易老化，但是也容易长痘痘。此外，若为了洗掉脸上的油污而用力揉搓，反而会更加刺激皮肤，使痘痘、面疱的情况恶化。

洗脸方法：洗脸时，将洗面奶放在掌心上搓揉至起泡，再仔细清洁T字部位，尤其是鼻翼两侧等皮脂分泌较旺盛的部位。长痘的地方，则用泡沫轻轻地划圈，然后用清水反复冲洗20次以上才行。

干性肌肤

皮肤缺乏水分，干燥易脱屑，如果任由这种缺水状态持续，很有可能就会变成敏感性肌肤，所以干性肌肤需要多加注意才行。

洗脸方法：此类肌肤最好只使用乳霜状洁面产品为宜。

此外，当肌肤干燥缺水的状况非常严重时，应避免使用干毛巾擦拭，只需用面纸轻轻吸干水分即可。

混合性肌肤

这种不平衡肌肤同时具有出油与干燥的部位，因此，一方面容易因为肌肤干燥而角质增厚，一方面又容易因为出油而长青春痘。

洗脸方法：要解决这种肤质的清洁问题，应针对不同部位选用洗面品，先从T字部位开始，最后再回到T字部位，才能彻底去除油脂，保持肌肤的清爽。

敏感性肌肤

干性肌肤在慢性失水的情况下，会渐渐变得敏感，这时若洗脸动作太过粗鲁，很容易使肌肤的状态不稳定，引起轻微湿疹或长出粉刺。

洗脸方法：为了防止肌肤受刺激，此类肌肤最好连水和泡沫都不要接触，所以用擦拭来代替清洗，是最适合你的洗脸法。很在意脸上污垢能否清洗干净的人，可以准备一瓶擦拭用的化妆水进行清洁。

巧妙选择面部清洁小工具

清洁皮肤，是每天必需的功课，而很多清洁的辅助工具，不仅能挖掘出洁肤品的最大潜力，提高清洗效果，还会让枯燥的清洁过程变得乐趣横生。

洁肤刷

按摩、清洁合二为一。特质刷毛很柔软，洗脸时轻轻摩擦脸部，能有效去除黑头、油脂，清洗效果极佳，适用于敏感肌肤以外的任何肤质。挑选的时候最好在手臂内侧试用，确定其具备良好的弹性和柔软度后再购买。

涂抹洗面奶后，用清洁刷在面部做打圈按摩，感觉麻麻热热的，很舒服，能促进面部的血液循环，将皮肤清洁得很干净，洗面奶的洁净功效更能有效发挥。要注意的是，不要上下左右地刷，而且不能太用力，小心皮肤表面受损而导致敏感。

净肤棉

它们能清除肌肤污垢和老化角质，属于一次性清洁面巾，泡沫丰富，有的还可按摩肌肤。净肤棉使用方法：取出后展开，用少量水浸湿。轻轻揉搓，直至产生丰富泡沫。以划圈方式擦拭整个面部。用温水冲洗干净。

神奇魔芋洗颜棉

它曾是日本药妆店销售冠军。和其他橡胶质地的洁面海绵不同，它由纯天然的野生魔芋制成，敏感皮肤也可放心使用。可以直接用它清洁面部，也可用洗面奶打出丰富泡沫，清洗能力超强。

刚拿在手里时你会觉得硬邦邦的，但用水泡软后发现它又软又有弹性，可以直接用它洗脸，洗过之后肌肤的光泽感特别好，如果配合洗面奶，只用平时 1/3 的量就可以打出丰富细腻的泡沫。要注意的是，每次洗完不要用力挤捏。

化妆棉

大面积卸妆和擦拭洁肤水都要靠化妆棉来完成。它的柔软度、吸水力和材质设计的提升，让清洁动作日臻完美。特大卸妆棉，为卸除面膜和彩妆而设计，微细网纹表面能带走所有残垢；纯棉质地不含人造纤维，用起来非常柔软，还可以卸除指甲油。

棉花棒

不同形状的棉花棒各有用途，除了掏耳朵，在清洁卸妆上它们也拥有不可替代的重要地位。用蘸了眼部卸妆液的棉棒沿睫毛根部，微颤式卸除上下眼线。手要颤还要稳定，才能擦得干净又不会蹭到眼睛里。波浪形卸睫毛和唇部彩妆最拿手。

把棉棒和卸妆棉都蘸满卸妆乳，将棉片垫于下，棉棒自上而下慢慢擦拭睫毛膏。这种棉的棉絮紧密，不易脱落。擦拭型洁肤棉正反两面采用了不同加工方式，表面不易起毛，使用起来感觉舒适。

脸部除毛器

日韩最新流行的美妆小工具，在日本最大购物网站热卖，长时间名列美容用具前10位。它结合了中国古代女性去除脸毛的古老方法“绞面”，通过旋转夹带能快速、彻底地将脸部小汗毛连根拔起，光滑肌肤。

脸部除毛器称得上“无痛除毛”，面部汗毛去除后，脸部手感极好，而且上妆变得特别容易，还不易脱妆。使用时双手握住两端把手，弯曲除毛器，两手同时向外旋转把手，在面部由上向下滚动，除毛很彻底。

坚持每周一次去死皮和深层洁面

脸部表皮的角质层会不停地生成新的细胞来代谢已经老化的细胞，而当表皮过多的堆积死皮时，皮肤会变得粗糙、晦暗、无光泽，而且也容易滋生黑头及粉刺。所以，去掉死皮可以保证皮肤正常的生理代谢，并刺激新生细胞的产生。

但是，频繁地去死皮，会打乱皮肤的生长周期，损伤皮肤细胞的排列，使毛细血管壁弹力纤维变性，自身功能减弱。因此，去死皮之前一定要仔细了解自己的皮肤状况，不能盲目进行。

去死皮可以分为物理去死皮法和化学去死皮法

1.物理去死皮法

是指用含有磨砂粒子的去死皮产品，通过其中的小砂粒摩擦皮肤，从而去掉死皮。这种方法的刺激性比较大，适合于中性皮肤、油性皮肤和色斑皮肤。注意，一定不能对眼部进行磨砂。

2.化学性去死皮

是指用含有化学成分的去死皮膏或是去死皮液涂在皮肤表面，使附着于皮肤表面的角质细胞软化后，搓去死皮。这种方法的刺激性相对小一些，适合于干性皮肤、敏感性皮肤和衰老皮肤。

去死皮的次数

一般中性皮肤为每周一次，油性皮肤为每3~4天一次，干性皮肤为每半个月一次，敏感性皮肤为每月一次。太频繁和从不去死皮，对于皮肤都是不好的。

当皮肤出现问题，比如发炎、外伤等病变的时候，不要去死皮。阳光强烈的日子，在出门之前也不宜去死皮，因为紫外线会晒伤新生的皮肤。

去死皮方法

在家里去除死皮可以用磨砂膏或专用的去死皮膏。手法和方向一定要正确，否则会对皮肤造成更大的伤害。

具体方法如下：

1. 搓掉额头的死皮时，用手指轻轻按住皮肤，另一只手的中指或无名指由中间向两边轻搓。

2. 左脸由下往上轻搓。

3. 右脸同样地由下往上轻搓，手法一定要轻柔，不要过分使劲拉扯皮肤。

4. 鼻子两侧由上往下轻搓。

5. 唇部周围以及下巴，顺着唇周围的肌肉走向由里向外圆弧形轻搓。

卸妆一定要既干净又彻底

化妆后，女生都知道要卸妆，而卸妆一般都是先用卸妆油，然后再用洗面奶清洁皮肤。如果你涂了防晒霜，那就不要只用洗面奶，防晒霜也需要使用卸妆油才能清洁干净，因为防晒霜中的防晒剂如果残留在脸上，会加重皮肤负担。

很多女生会用婴儿润肤油来卸妆，其实这不可取。因为虽然婴儿油和卸妆油一样都含有比较多的白油，但是在一些其他油脂的成分上还是有很多不同的，而不同油脂的卸妆能力是不同的。

正规的卸妆油中含有对油、色粉溶解能力强的油脂，另外，在婴儿油中含有对皮肤具有滋润功效的成分，这种滋润成分对卸妆有一定“妨碍性”。所以综合来看，卸妆还是要用专门的卸妆油。

此外，在卸妆油使用完之后，我们可采取用纸巾或者清水冲洗的方式。而最终用何种方式，则要看当时所选用的产品。

一般来说，如果我们选用的是卸妆乳，那么用纸巾或化妆棉擦去的方式比较好。而我们选用的是卸妆油或卸妆凝胶，那就需要再清水配合温和的洗面奶对它进行冲洗。

去黑头的八种实用妙招

如果将痘痘比喻为活火山，那么黑头就好比是死火山，虽然危险性不足以引起特别关注，但它的确是梦想拥有凝脂肌肤的女性之大敌。

盐加牛奶去黑头

1. 用4~5滴牛奶兑盐，在盐半溶解状态下用来按摩。

2. 由于此时的盐未完全溶解，仍有颗粒，所以在按摩的时候用力必须非常非常小。

3. 半分钟后用清水洗去。

4. 为了让皮肤重新分泌干净的油脂保护，所以洗完之后，暂时不要擦任何东西。

注意：有痘痘或者伤口的皮肤慎用；敏感肤质者也不提倡使用该方法。

用珍珠粉去黑头

1. 取适量珍珠粉放入小碟中，加入适量清水，将珍珠粉调成膏状均匀地涂在脸上。

2. 轻轻在脸上按摩，直到脸上的珍珠粉变干，再用清水将脸洗净即可。

3. 每周可用两次，能很好地去除老化的角质和黑头。

蛋清去黑头

1. 准备薄薄的化妆棉。

2. 打开一个蛋，将蛋清与蛋黄分开，留蛋清部分待用。

3. 将化妆棉浸入蛋清，稍微沥干后贴在鼻头上。

4. 静待10~15分钟，待化妆棉干透后小心撕下。

婴儿油按摩去黑头

婴儿油的主要成分就是矿物油，所以用它来溶解黑头的油脂成分十分有效。

1. 清洁面部之后，开始用婴儿油按摩鼻子上面的黑头，这需要耐心，油脂的溶解不是瞬间的事情。半个小时左右，就可以感觉到油脂被按摩出来了。

2. 按摩的时候首先注意力度，一定要轻柔。用婴儿油按摩并非一次能够清除黑头和白头的。建议第二次使用该方法时减少按摩时间，别超过20分钟，坚持一段时间后，你可能会发现自己的毛孔变得干净了哦。

3. 按摩结束之后，需要用洗面奶再次清洁皮肤。

注意：有青春痘的女生一定要谨慎，不当的按摩会刺激痘痘。

黑头导出液去黑头

1. 用黑头导出液打湿化妆棉，贴在鼻子上。

2. 15分钟后，撕掉化妆棉，就可以看见化妆棉上沾了很多黑头和白头。

3. 用爽肤水打湿化妆棉，贴在鼻子上，可以等到干掉，也可以只敷几分钟就好，该步骤是用来缩小毛孔的。

鸡蛋壳内膜去黑头

鸡蛋壳内层的那层膜，把它小心撕下来贴在鼻子上，等干后撕下来。这个方法的原理和蛋清去黑头是一样的。

米饭去黑头

每次蒸完米饭捏一小团在脸上轻柔，会把脏东西都带下来。

特别提醒：

如果想把黑头清除又不让毛孔变大，最好的主法就是在去黑头前先蒸一蒸面，令毛孔自然张开，这样做除了有助于皮肤排出毒素外，也有助于清洁效果的加强。清除完黑头后，最好用冰冻蒸馏水或爽肤水敷于鼻子和T字部位，这样既能镇静皮肤，还可以收缩毛孔。

Part 4. 轻轻松松，做个水嫩美人

虽然皮肤出现的问题并不都与保湿有关，但缺水的肌肤确实会导致很多皮肤问题的出现，比如：粗糙、暗哑以及细纹，等等。

简单来说就是，水分是美丽肌肤的第一要素，美白、防晒、控油等都是在皮肤不缺水的基础上完成。

肌肤不缺水，保养才有效

要知道补水和保湿的重要性，首先我们要搞明白，皮肤为什么会缺水？总的说来，环境、季节变换带来的温度变化与压力，以及皮肤衰老、代谢减缓等因素都会造成肌肤水分流失。

补水和保湿的重要性

很多女孩子不太清楚补水和保湿的重要性，以为补水和保湿只是为了让皮肤不干燥、不出现干纹。其实，皮肤不缺水，表层细胞才能有效地把我们涂抹在皮肤表面的保养品输送到真皮层去。

简单做个比喻：皮肤角质层就像是一层海绵，海绵吸满水的时候柔软度会增加，可塑性也会增加。如果海绵干掉的话，不但会变得硬邦邦，摸起来会很粗糙，而且塑形能力也会降低，遇到外力弯折就很容易造成断裂。

所以说，皮肤缺水的时候不但整体肤感会大大降低，而且老旧角质的代谢也会变异常，由此可知补水和保湿对于皮肤是很重要的。

皮肤补水和保湿做好的话，不但可以增加皮肤柔软平滑的触感，可以让皮肤看起来有明亮透明感，角质代谢也可以正常进行。

在了解了补水和保湿的重要性后，我们还应该搞清楚补水与保湿的区别：

保湿补水通常被人们连在一起谈，很多女性朋友也经常搞不清楚它们之间的区别。比如，大家会觉得面膜没少做，可皮肤为什么还觉得干？再比如，整天用保湿的各种霜，却不觉得皮肤得到了深层的滋润。

这个时候你是不是觉得十分疑惑："我的皮肤到底怎么了？"

其实，你应该问问自己："我给自己做的那些面膜，到底是属于保湿的面膜，还是属于补水的面膜？我给自己用的那些面霜，到底是属于保湿的面霜，还是属于补水的面霜？"

现在，你是不是有些醒悟了？是的，要知道，补水和保湿，其实是两个不同的概念。

简单来说，补水是直接补给肌肤角质层细胞所需要的水分，滋润肌肤。

保湿则是防止肌肤水分的蒸发，增强肌肤湿润度。最佳的保湿，是肌肤与补水产品的良性互动。

一般情况下，我们正确的保养顺序应该是："先补水，再保湿。"因此，补水的产品最好选择精华素或水溶性高的产品。

当然，假如你的皮肤状况很好，不需要缺水，那你就只需要做好保湿就行了。

辛苦保湿不见效，你可能犯了这些错

为了保持皮肤的水嫩光泽，每个女人都在做着保湿功课。不过，涂抹保湿品和喝水就能解决面部干燥的问题吗？真这么简单，就不会有那么多人虽然苦苦保养，肌肤状态却依然不尽如人意了。

错将肌肤补水等同于身体补水

就算每天喝水八杯以上，还是觉得肌肤不够水嫩？许多女性错误地认为肌肤缺水就是身体缺水，以为只要多喝水、勤沐浴就行了。

事实上，喝水很难直接改善我们皮肤的状况，因为表层肌肤根本无法从身体内部直接获得水分。

夜间护理不如清晨保养，早 8 点保湿最有效

肌肤也有生物钟，在人体循环影响下，肌肤 24 小时中的“状况”与“任务”各不相同。如果你的工作时间允许，不如把夜间保湿工作改到每天早晨 8 点，那是一天中保湿效果最佳时段。

缺水 or 缺油，弄错会让保湿彻底无效

每个人的肌肤都可能有干燥的状况，但这其中的原因可是大不相同的！缺水还是少油？如果从根本上就搞错，护肤当然没效果。首先找对自己肌肤真正需要的保养品才是上策，不要将补水与控油概念混淆。

晚霜锁水，擦太多反而导致干燥

使用过多的滋润晚霜会导致睡眠中的肌肤停止呼吸，毛孔无法完全张开，呼吸不畅的肌肤自然不能正常代谢和吸收，反而更干。所以我们一定要注意控制晚霜的用量！

油性肌肤用保湿喷雾有害无益

油性皮肤新陈代谢快、油脂分泌旺盛，如果往脸上喷营养水的话，水和油不能相溶，不但不利于皮肤的吸收，还可能污染皮肤。

此外，很多女性不知道我们的身体还有 7 个保湿死角，平时做保养的时候，我们常常会遗忘它们，也因此使得这 7 个部分的皮肤状况愈加糟糕。

这 7 个保湿死角分别是：眉心、耳后、鼻子、眼角、颈脖、肘膝关节、手部。

小心陷入七大保湿误区

换季时节，当肌肤出现干涩紧绷的感觉时，你的第一反应一定就是大量地喝水和涂抹保湿品，但是，你自以为专业的保湿经验可不一定都是对的。

迷信保湿成分一定有效

胶原蛋白、玻尿酸这些保湿成分仿佛只要一擦，就能换来肤如凝脂。但是，这些成分真的无比神奇吗？其实，这些保湿成分没有一种是完美的，使用时必须考虑本身肤质适不适用，如何使用，这样才能真正让肌肤保湿。比如玻尿酸的分子量很大，在皮肤表面帮助皮肤吸水，但没有储水能力，所以要和锁水保湿剂一起使用，单擦玻尿酸或其他单纯吸水的保湿剂并不锁水，还会使皮肤原有的水分快速蒸散，让皮肤变得更干。

提示：选择保湿产品时，要了解各种保湿成分的特性和作用，“吸水”和“锁水”兼顾才能水养肌肤。

天天敷保湿面膜，肌肤就一定水水的

天天敷成分简单的补水保湿面膜，并不是不可以，只不过效果并不像你想的那么神奇，因为那只是暂时提高了肌肤的水润度，真正深层改善肌肤干燥的功臣可能还是你之后使用的保湿精华和晚霜。这样想想也许就有些浪费，况且，如果面膜中的营养成分太高，每天敷反而会刺激脸部肌肤，造成肌肤营养过剩。

提示：一星期敷1~2次营养型保湿面膜即可，敷面膜约20分钟即可，敷得太久甚至等到面膜都干掉了才拿下来，只会让水分都蒸发掉。面膜取下后应立即涂抹乳液锁水。

皮肤干时不停喷矿泉喷雾就OK

虽然矿泉喷雾中含有微量矿物离子，可以镇静敏感肤质、补充水分，但喷雾中并不含能锁水的保湿成分，喷的次数一旦增多，同时又没有擦乳液锁水，那么皮肤会陷入干湿反复的恶性循环，反而造成皮肤缺水。

提示：喷雾在肌肤上停留的时间不要超过一分钟，多余的水分要用纸巾吸走，之后要马上擦上保湿乳液。

保湿精华素比保湿面霜更锁水

产生这种错误的观念是因为认为精华素产品里的护肤成分往往比面霜里

含量更高，同时质地更轻盈，渗透和吸收的能力都更好。但精华素往往作用于肌肤深层，无法像面霜一样在肌肤表面形成保护层，若涂抹精华素后不涂面霜，肌肤很快就会变得非常干燥。

提示：要实现锁水，保湿面霜必不可少。

油分高的保养品更加锁水

油分确实可以起到保护皮脂膜的作用，减少水分的蒸发，但是油腻的保养品不一定比清爽的保养品更加保湿，而且它还可能会增加面部油脂的分泌、阻塞毛孔或造成敏感，越高的油脂还会阻断肌肤获得空气中水分的机会，减弱肌肤本身具有的天然锁水功能。

提示：让肌肤舒适的质地更重要，新一代的保湿产品都更加注重锁水的成分和科技突破，在挑选产品时不妨着重看看成分。

油性皮肤的保湿很简单

实际上，干性肌肤比油性肌肤更容易吸收保湿成分，因为油性肌肤的角质更厚，更容易出现油水不平衡的状况，因此，为油性肌肤进行保湿工作应该是更加讲究的。

提示：轻柔去角质、保持肌肤的通透和吸收效率、选择油水适当的保湿品、避免刺激肌肤分泌更多的油分而堵塞毛孔，这些都是油性肌肤换季保湿必做的功课。

保湿产品涂得越厚效果越好

在保湿产品的成分中，如果是含水量很高的凝胶或果冻型保湿品，即使擦得再厚，水分还是会因为干燥的气候而被蒸发掉。进入秋冬以后，不论是干性肌肤还是油性肌肤，都最好选用一些高质量、油脂含量多一些的保湿品，或者在水性保湿品后再用含油量较高的保湿品达到真正的滋润和锁水作用。

提示：保湿乳液比较合适的用量应该是平铺直径约 1.5cm 的圆，如果是偏干性肌肤，可以再增加三分之一的用量。用量过多只会增加肌肤负担。

你的肌肤是缺水还是缺油

皮肤保养也讲究和谐，我们常说的“水油平衡”就是一种很重要的和谐关系。

在日常生活中，我们的肌肤会自已排泄两种物质：油，由皮脂腺所排泄；水，由汗腺所排泄。

水水嫩嫩的皮肤，既不能缺水，也不能缺油。假如皮肤太过油腻，油光发亮的，我们很容易就会察觉。最怕的是肌肤缺油，表现出干燥的状况，我们却误以为皮肤的问题来自最常见的缺水，一直补水却还是觉得干燥。

那么，如何才能用比较简单的方式判断肌肤是缺油还是缺水呢?

缺油

1.皮肤为什么会缺油

皮肤分泌的汗水和油脂含有尿素和氨基酸，具有不错的天然保湿效果。秋冬季节，气温下降，皮肤为了保持热量，汗水和油脂就分泌得少了，皮肤表面的湿润度大大降低。再加上低温会让皮脂凝固，影响了天然皮脂膜的健全，皮肤很容易就缺油。

2.怎样判断皮肤是否缺油

正常的清洁洗脸之后，暂时不涂抹任何保养品，静候5分钟，然后用吸油面纸按压额头、鼻子和下巴这些皮脂腺分布集中的部位。若吸油面纸上的油分较多，表示肌肤完全不缺油，继续为肌肤补水；若吸油面纸上的油分一般，表示肌肤不缺油，使用清爽的保湿乳液就可；若吸油面纸上几乎没有什么油分，表示肌肤已经缺油，至少要使用保湿面霜。

3.缺油了该怎么办

若是干性肌肤，最佳先增补油脂，也就是说用一款油包水质地的面霜（油状），而若是油性肌肤，就要采用一款水包油（水状）质地的面霜。

缺水

1.皮肤为什么会缺水

(1)长期不保养皮肤。

(2)只擦爽肤水,或者只单擦一个乳液。

(3)长期不去老死角质层,导致皮肤难以吸收保养品里的营养。

(4)天气干燥时或者炎热时,擦完保养品之后,不做任何隔离和防晒的工作。

(5)长期晚上不卸妆或者卸妆不干净,导致毛孔堵塞严重。

(6)油性皮肤长期使用去油脂过强的护肤品,使皮肤细胞壁很薄很脆弱,肌肤自身的储水能力非常低下。

2.怎样判断皮肤是否缺水

正常的清洁洗脸之后,仔细观察自己的肌肤状况,若发现额头、双颊或者眼角下出现细纹,表示肌肤已经轻度缺水;若感觉肌肤紧绷,摸起来手感粗糙,看起来肤色不均匀、暗沉,表示肌肤中度缺水了;若肌肤已然出现脱皮、松弛、缺乏光泽、容易脱妆以及一吹风就发痒,表示肌肤重度缺水,赶紧补救吧!

还有一个方法就是:在涂上爽肤水或擦上补水的面霜之后若是脸上有微刺的感受,就表明你的皮肤缺水了。

3.缺水了该怎么办

保湿并不是干性肌肤专属的调养重点,其他肤质也是一样,也会有缺水的情况发生。

可能你会发觉用了很多保湿品在脸上,却仍然感觉干干的、紧紧的,那么首先你应该尽快地给自己的皮肤补水;其次,你应该检讨一下导致你肌肤干燥的各种原因,然后对症预防和下“药”;最后,就是要看看你的保湿品是否真能保湿,这一点很重要。

学会选择优质的保湿品

有油的热汤比同温度的热水更不容易凉、更不容易蒸发,这就是保湿品中

既要有水，又要有油的原因。

一个保湿产物是否优良，要看它是否含有“增湿剂”与“锁水剂”这两大类成分，它们俩的同时存在，才能让你的保湿品真正有效地抵达皮肤的表层和深层。

下面，我们来细细了解一下保湿品应该具备的这两大品质：

增湿功能

增湿剂多为水性的保湿成分，如玻尿酸、甘油、氨基酸、多元醇类、乳酸等，它们可以辅助肌肤抓住水分。

锁水功能

锁水剂多为油性的保湿成分，在调养品的添加上，以某些拥有美肤效果的植物萃取油脂较为恰当，如荷荷葩油、月见草油、橄榄油、榛果油、小麦胚芽油、杏核油等，这些成分不光能防止脸上水分流失，也可以让增湿剂不被蒸发。

在清楚地知道优良的保湿品应该含有“增湿剂”与“锁水剂”这两大类成分之后，我们再来看看，哪些补水保湿品是我们在日常生活中不可缺少的：

补水保湿的三种武器

1. 保湿乳液/霜

大部分品牌都准备了清盈的乳液和滋润的乳霜，以满足不同肌肤不同季节的需要。一些日用产品还有防晒功能。

2. 保湿精华素

蕴涵了该保湿系列最珍贵的成分和最核心的技术，有立竿见影的滋润效果，是物有所值的重点保湿首选。

3. 保湿面膜

集中供给水分的“急救站”，可快速输送能量和水分，短时间显著嫩滑饱满，让每个毛孔感到幸福，上妆容易完美。亦适合旅途及长时间疲惫后使用。

不同肤质的不同保湿大法

娇柔亮丽的肌肤人人渴望，哪怕你先天基因优秀，如果缺乏基本的养护程序，肌肤依然会过早起皱衰老。想使肌肤永远娇艳如小花，适时的护理与精心的照料，才会延长岁月的花期。

那么，如何根据你的肌肤属性对症下药呢？

中性肌肤

你太幸运了，中性肌肤是难得一见的天生丽质，不油、不干，是令人羡慕的理想肌肤。除了基础补水保养之外，隔离紫外线更是每日不可或缺的保养工作。柔嫩护肤系列，清爽、柔嫩的滋润及保护肌肤，最适合中性肌肤的你。

油性肌肤

这类肌肤比较难打理。不过，加强肌肤后天的保养，一样能让它白里透红、清爽自然。顽固的粉刺、毛孔粗大、T字部位油腻、容易脱妆，这些都是油性肌肤的特征。除了日常脸部彻底清洁外，做去角质及敷面的工作非常重要，同时，收敛毛孔也是每日之要点。

建议多使用含油分少的保湿产品，但也不能完全不含油分，否则可能会导致油性肌肤出现缺油的尴尬状况。另外，定期的保湿面膜也不能少。

当然，你一定要少吃高热量、辛辣、咖啡、油炸等刺激性的食物，多食用高纤维蔬菜及高纤维面包，双管齐下地呵护肌肤才是良方。

干性肌肤

干性的肤质看来总是紧绷、干涩，易生讨厌的小细纹及斑点。干性肌肤要特别注重保湿、滋润。

建议此类肌肤选择含有高滋润性及高营养性的营养霜，而且千万不可做夸张的表情，这样才能防止皱纹过早出现。

敏感性肌肤

敏感性肌肤是最脆弱的，这类肤质较薄，常会发红、出疹、发痒。

在护肤过程中，要避免任何有刺激性的保养品。此类肌肤需选用无香料、无酒精、无色素、天然植物萃取，并能兼顾保湿功效，含保湿水分子的温和性产品。

敏感性肌肤的人最好随时随地保持工作居家环境的清洁，因为所处环境中的灰尘最容易引起皮肤不适，同时要对不新鲜的海鲜类食品说“不”。季节变化也需要引起你的注意。

混合性肌肤

混合性肌肤的人，T字部位总是泛着油光，两颊因为严重缺水，导致干涩、紧绷。此类肌肤春夏季容易油腻，应保持皮肤清爽及收敛毛细孔，秋冬季节则多加强滋润、保湿。建议此类肌肤选购自然温和系列的护肤品。

此外，此类肌肤需特别注意季节的转变、早晚温差的变化，并养成不同季节选用不同保养品的习惯。

Part 5. 美白，不是你想的那么难

变成白雪公主是大多数亚洲女性的梦想，但事实却是，美白之路荆棘满布。为什么美白就这么困难？其实你有没有想过，并不是美白有多难，而是你走错了路，或者用错了方法？

关于美白的七个不可不知

美白，不是找一支美白精华，日日往脸上搽便可以轻易达到目的。我们想让自己真的每天白一点，想将美白产品之功效发挥至最高境界，以下几点不可不知：

认识色素种类与美白产品功能

市面上的美白产品种类繁多，每种产品都有不同的美白功效，例如某些专为均匀肤色而设，亦有些专为雀斑而设，购买前应先了解产品的成分和特性，对症下药。

拒绝紫外线

照射到地表面的阳光分为紫外线、可视光线、红外线。虽然紫外线不是100%对人体有害，但它却是导致皮肤老化的决定性因素，严重时还会引起皮肤疾病，并导致皮肤癌。在化妆品行业里，以UV来表示紫外线，像防晒霜等夏日化妆品上有很多UV的标志，这是表示其含有阻断紫外线的成分。

关于防晒霜的涂抹

以每天平均接触阳光八小时计，我们日常最少要涂SPF 24 PA++或以上的防晒霜。但不要搽度数过高的防晒霜，因为SPF度数愈高，愈容易阻塞毛孔。故度数高的防晒霜如SPF 50 PA+++只适宜暴晒和长期处于户外时使用。

此外，切勿忘记眼部比面部皮肤更薄，眼部防晒更为重要。

先保湿再美白

如果你的皮肤本身属敏感或干性，使用美白产品前应先为皮肤保湿，这样可提高皮肤角质层的水分。健康的皮肤细胞组织，能减少使用美白产品时所产生的敏感症状。

面膜不宜敷过夜

一般美白面膜，除非特别注明，否则通常只需敷 15 分钟便足够。不要以为面膜敷的时间愈长便愈有效，敷面膜时间过长，面部细胞很容易缺氧，影响肌肤的正常呼吸，面膜中的养分亦无法有效地渗透入皮肤，降低了面膜的应有功效。

爱上维生素 C

受紫外线刺激的皮肤恢复过慢的话，是皮肤不健康的一个表现，所以平时要多吸取维生素 C 以保持皮肤健康。富含维生素 C 的食品有：番茄、黄瓜、土豆、胡萝卜、空心菜、牛奶、海鲜等，尤以晚上为营养吸取的最佳时间。

化妆水敷脸

皮肤在紫外线中裸露时间过长，会处于缺水状态。利用化妆棉蘸取充分冷冻过的化妆水在两腮进行 5~10 分钟的敷脸，赋予皮肤湿润感和清凉感，这还是范冰冰的美容秘籍呢。

想变白，就先把好防晒关

在这个时代里，如果你还不明白“防晒”有多么重要，还执著于未经保护而晒成的小麦色皮肤，或仗着天生丽质尽情享受阳光的怀抱……那么，你真的可以被划分到“原始人”的行列里去了。

欧美最新调查数据表明，坚持每天抹防晒品的女性，在 50 岁的时候，会看起来比实际年纪小 13 岁。

知道问题的严重性了吧！防晒不仅具有美白的功效，同时也具有延缓肌肤衰老的功效。

如何防晒才能更有效

最重要的一点：紫外线和电脑辐射全年都要严防死守。

要想保持肌肤水嫩紧致，万不可松懈对紫外线和电脑辐射的警惕，它们作为肌肤老化、松弛的根本原因之一，需要时刻严格防范。

选择防护产品注意四点

1. 尽量选择令肌肤舒适、不会过敏的低敏感防晒霜，不含添加剂的产品最好。

2. 乳液状、乳霜状的防护产品更能保持住肌肤的水分，如果你的工作环境不会过多接触到紫外线，完全可以选择添加防晒值的日霜。

3. 高倍数的清爽防晒霜常常以油性作为介质，容易令肌肤感觉干燥，不适合秋冬季节使用。

4. 不同的季节，选择的防晒面霜的 SPF 值也是不同的。

涂了防晒霜也可能被晒老

你以为涂了防晒霜就万事大吉了？不是的！因为任何防晒霜都会在几个小时后失效，即使你没打算日日都跑去郊游，仍然不可忽视日常防晒的适时补涂。

油性皮肤可以选择相对轻薄，适合全脸和颈部使用的防晒粉饼。如果担心每隔 2 小时补粉会导致痘痘的生长，可以在补粉前先用纸巾按压脸部，擦去油脂、灰尘。

防晒霜使用的六大禁忌

防晒霜能否有效抵挡紫外线、保护皮肤不受伤害，除产品品质外，是否使用正确是其发挥作用的又一重要前提。正确使用防晒霜才能抵挡紫外线，因此我们在使用防晒霜时应注意六项内容：

1. SPF 值越高，防晒时间越长。一般黄种人皮肤平均能抵挡强光 15 分钟而不被灼伤，那么使用 SPF15 的防紫外线用品可抵挡约 225 分钟强紫外线照射。日常护理、外出购物、逛街可选用SPF5~8 的防晒用品，外出游玩时可选用 SPF10~15 的防晒用品。游泳或做日光浴时用 SPF20~30 的防水性防晒用品。当照射时间超过有效防晒时间，应及时补充涂抹。

2. SPF 值不能累加。涂两层 SPF10 的防晒霜，只有一层 SPF10 的保护效果。

3. 不可临出门才涂防晒霜。防晒霜跟一般的护肤用品一样，需要一定时间才能被肌肤吸收，所以应在出门前 10~20 分钟涂抹。

4. 防晒霜并不是涂上就有效，而要达到一定量才能发挥效用。通常防晒霜在皮肤上涂抹量为每平方厘米 2 毫克时，才能达到应有的防晒效果。

5. 不同肤质的人应选择不同的防晒用品。油性的肌肤宜选择渗透力较强的水性防晒用品；干性肌肤宜选择霜状的防晒用品；中性皮肤一般并无严格规定。

6. 防晒霜不能在上妆前使用，应在使用了护肤用品后再涂抹。

选择适合自己的美白护肤品

“同样的美白产品，为什么有些人用了很有效，有些人用了不但没变白，反而导致皮肤出现瘙痒等症状？同时，为什么夏天用了有效，秋天用了却不见效？”这些问题是所有想变成“白雪公主”的女孩子的困惑。

其实，在众多的美白产品中，我们最重要的是要做到：个性化、季节化地选择产品，这才是美白的最佳方法。

个性化就是说，我们选择的美白产品一定要符合我们的肤质。如果要将肤质做仔细的分类，几百种都分不完，所以传统上将肌肤作中性肌肤、干性肌肤、油性肌肤，但这样的分类是过于简单，容易出问题。举例来说，很多人以为长痘痘的肌肤一定就是油性肌肤，结果把自己的肌肤弄得又红又脱皮。

在选用美白护肤品之前，我们最好先到专业机构检查一下肤质，然后听听专家的意见，该选用什么样的产品。

那么，面对众多的美白品牌，即使我们知道了自己的肤质，又怎么知道哪个品牌才是最适合自己的呢？

在这里，按照皮肤专家的建议就是："最贵的并非最好。"

乱用化妆品伤害皮肤的案例已经数不胜数。无论是基础护肤，还是美白，有一种畸形消费观念挥之不去。其实，"只选对的，不要贵的"才是最科学的消费观。

肌肤的清洁也与美白有关

在日常生活中，造成肤色发暗的主要原因是空气中的脏污、表皮皮脂以及彩妆等残留在肌肤上的油分，或者经常曝晒在紫外线下造成的肌肤表面氧化的结果。

下面这三个情况都是造成肌肤暗哑的原因，我们只有通过有效的清洁，才能重现肌肤的白皙通透：

1. 如果肌肤表面有污垢，再怎么使用美白产品都是没有效果的。因为毛孔已经被堵塞，美白的保养品无法进入毛孔，全部堆积在了表层，因此美白无法实现，反而还有可能引起其他的皮肤问题爆发。

2. 假如我们的肌肤生出了黑斑，而有黑斑的肌肤部位，角质化过程就会时常失灵。原本应该在各层面制造的因子，却无法被充分制造，所以黑色素到了角质层后无法顺利变成污垢排出，长时间下来不断累积，就形成了重叠的现象。所以只有让黑色素排出的通道也就是角质层畅通，后续的美白成分才能最有效地被吸收。

3. 高温会使皮脂的分泌更加旺盛，油性皮肤的人经常会因为出汗、清洁护理不当而长粉刺，即使平时为中性皮肤的人也会感到皮肤变得油油的，干性皮肤也易长痱子。因此，在彻底清洁皮肤的同时要注意调理肌肤的酸碱性。

所以，这样的肌肤想美白的话，彻底清洁是第一步。

色斑走开，白皙皮肤show出来

斑点是美白的大敌。也许你现在不是斑点姑娘，但是很快就会发现，色斑无声无息的找上门来了。既然注定这是一场无法避免的相遇，最好的办法就是“知己知彼，百战不殆”。

色斑的分类

1. 黄褐斑

黄褐斑，也称肝斑。多分布于额、颊、鼻等处，呈现不规则的斑片，但对称分布。

形成原因：与内分泌有关，尤其是和女性的雌性激素水平有关，因此月经不调、服食避孕药、肝功能或慢性肾病都会造成黄褐斑的出现。而日晒和精神压力又会加重黄褐斑的颜色，呈现为大片的淡黄色色斑。

对症下药：保持愉悦好心情。在所有斑点中，黄褐斑的产生与内分泌和情绪有着重大关系，因此，单纯采用美白产品来改善黄褐斑效果不是很明显。想要彻底祛斑，最关键的是要让自己快乐起来，斑点才会尽快消失。

2.黑斑

黑斑，又称蝴蝶斑，多半集中于两颊，看起来就像是一只展翅的蝴蝶。

形成原因：黑斑的形成有多重因素。长期过度的紫外线照射，皮肤的老化发炎，或长期长痘痘、湿疹，都会刺激皮肤底层黑色细胞的繁衍，产生过多的黑色素，最终形成黑斑。

对症下药：先去除老化角质。由于黑斑产生于皮肤的基底层，所以有效的淡斑护肤品应该是作用于肌肤深层，并且能够有效地去除老化角质，从内到外淡斑。平日里可以先进行局部去角质，再进行美白护理。

3. 雀斑

雀斑，通常分布在日光容易照射到的区域，如眼周、双颊、额头、鼻梁处。

形成原因：一般是遗传造成的，常在5岁左右出现。皮肤白的人更容易有雀斑，青春期和夏季日晒后，斑点数目会增加，颜色会加深。

对症下药：全年防晒不偷懒。长有雀斑的皮肤很脆弱，每一次暴晒，即使皮肤表面没有明显变化，但在皮肤的底层都会留下受伤印记。黑斑的叠加会加剧雀斑，脸就更黑了。所以无论室内室外，一年四季都应该使用防晒产品。

脸部按摩要适度。每天一次，用手掌或手指有韵律地沿着肌肤脉络进行适度按摩，每次不超过5分钟，动作要轻快温柔。过度的按摩有可能加速肌肤老化，更容易让色斑找到出头机会，不可不防。

对色斑的治疗不要陷入误区

1. 长斑初期，盲目祛斑

很多女性在面部刚刚出现色斑，还不是很严重的时候，在没有专业人员的指导下，很随意地去使用具有祛斑功能的化妆品，自行祛斑。结果是斑越来越严重，治疗难度越来越大，耽误了祛斑的最好时机。其实色斑越在早期，治疗越容易，当然，要选用正确的祛斑方法，否则不仅解决不了问题，反而会加重色斑，增加治疗的时间和经济成本。

2. 祛斑只在于皮肤表面

把色斑看做单纯的皮肤病，治疗时只把注意力放在皮肤表面，大量用一些磨砂等去角质层或有剥脱作用的化妆品，一旦停止使用，即会出现严重的皮肤过敏现象，造成色斑加重。

3. 只顾效果，不顾后果

不少患者对祛斑怀有一种急切的心情，总是希望一天两天让自己的面部光嫩如初。正是这种急功近利的心情，使得不少人选择了“见效快”的剥脱法祛斑或短期漂白肌肤祛斑，看起来好像是立竿见影，其实皮肤表层正遭到严重损

害，自身免疫力大大减弱，经太阳一晒，很容易转化为晒斑、真皮斑等更顽固的色斑，为后期治疗增添难度。

4. 认为色斑不可治

许多在美容院有过多次祛斑经历的人对祛斑失去了信心。其实，色斑当然是可以治愈的，但它绝对不是由美容师用一两种祛斑霜抹一抹或者用一些带祛斑功能的保健食品就可以解决的。所以，对于祛斑人士而言，不仅要有正确的心态，更要选择正确的方法，这样便会事半功倍，使美丽早日重现。

面部美白，千万别忘了这些死角

真正的美白当然是从头到脚、由内而外的。当你时刻关注自己面部的皮肤是否比以前更白的时候，你有没有想到，某些被你遗忘的美白死角正在一步步地出卖你曾经是个大黑妞的秘密！

现在开始，多一点关注这些最容易被你忽略的几个美白死角吧，花些小心思照顾它们，让你的皮肤真正白得耀眼、无可挑剔！

死角一：眼部

眼周肌肤往往容易受到黑色素造成的褐斑与微循环不畅引致的黑眼圈夹击，变得暗淡无光，失去一双亮彩明眸。

解决办法：眼部区域的肌肤特别容易因过度紫外线照射而导致变色和皮下色素沉着。选择一款能迅速吸收，令眼部即显明亮光泽的眼霜是最合适的。

死角二：耳朵背后

我们通常都会选择耳朵后面的那块皮肤来测试一样护肤品对自己是不是过敏，冲锋陷阵的勇士按理说应该得到将军级的礼遇，却总是被我们忽略。

现在拿起镜子看看你耳后的皮肤，是不是与你面部皮肤的颜色极为不协调？

解决办法：其实它们并不需要特殊的护理，只要在正常的皮肤护理中捎带手拐个弯儿就好了。

1. 精华液伺候，下一站耳后：只要在脸部护肤的精华液和面霜步骤时稍稍拐个弯儿，将手上剩余的营养施加给它，就足够它一整天的滋润。因为耳后的神经很多，如果在入睡前再加以按摩，还有助于放松神经，会有不错的助眠效果。

2. 面膜敷完脸，对剪变“耳膜”：既然说过不用额外的特殊护理，耳后的皮肤只要一直沾着面部的光就可以。现在很多贴片式面膜里面的精华液都很多，事实证明，脸上根本用不了，有些聪明的达人用来接着敷脖子，其实你可以顺着面膜中心竖着剪开，把袋子里残留的精华挤在上面，两只镂空眼睛的部分稍作拉扯便可以套在两边耳朵上，耳后的皮肤和敷面膜时最不服帖的面部边缘皮肤就又开始了一次SPA之旅。

死角三：嘴角

嘴角的肌肤是面部美白最容易被忽视的死角，正因为此，嘴角肌肤的暗沉会在我们雪白的脸上留下非常明显的瑕疵，它随时随刻都在宣告着你的美白行动还没有做到家。

解决办法：有时候嘴边会因为吃了咸的而变黑，这是因为酱油或其他食物中的色素沉淀在皮肤表层导致的。不用担心，这是暂时性的，只要你用温和的细颗粒磨砂膏轻轻地磨除嘴角的死皮，再涂些美白保湿霜，并且在涂抹的时候要多按摩几次。同时在白天外出时，一定要使用防晒产品，很快嘴角就会白回来啦。

按摩美白法，让你白到发亮

专业美白按摩步骤能让你更加亮白，你只需用独特的手法轻压重点穴位及脸部容易聚集色斑的区域，就能全面促进肌肤吸收美白精华成分。每天只要几分钟，就能令你的美白事半功倍，使你成为白皙透亮的粉嫩美人！

以下介绍的美白穴位按摩最适合于早晚沐浴后进行，效果更佳。

STEP 1

彻底洁净肌肤使用爽肤水后，取两粒珍珠大小产品均匀涂抹脸部，双手打开。

STEP 2

以双手中指指腹在攒竹穴（位于眉毛内侧边缘凹陷处）轻压一次。

STEP 3

轻轻以中指指腹沿眉毛到外明穴（位于眉毛和外眼角的眼眶骨中间）按压一次。

STEP 4

从下眼缘到睛明穴（位于眼部内侧，内眼角上方凹陷处）轻压一次。

STEP 5

用中指指腹从睛明穴轻移到四白穴轻压一遍。

STEP 6

中指指腹轻移到迎香穴（位于面部鼻侧一厘米处）按压一次，中指指压圆满完成。重复步骤 2~6 三次。

STEP 7

用食指、中指、无名指，轻轻在额头处按压。

STEP 8

沿着额头往脸中、下巴处按压，全面促进产品吸收。

白皙皮肤吃出来

皮肤绝对能反映身体状况，要肌肤白净，除了外涂，良好的饮食习惯对阻止色素产生甚有帮助。

多食豆类食品及制品

要皮肤白其实很简单，只要多吃豆类制品如豆浆、豆腐花、豆腐等。豆类含有丰富蛋白质，对肌肤制造胶原蛋白甚有帮助，是又便宜又天然的美白补品。

一日一番茄

番茄内含丰富的维生素C，众所周知，维生素C有助于抑制黑色素的形成。此外，番茄能有效抗氧化，改善肌肤因氧化而增生的暗黄肤色，对于均匀肤色甚有帮助。

少吃酸性食物

多吃含有维生素C及E的食物如柿、奇异果、橙、苹果、士多啤梨、绿叶蔬菜、红萝卜、燕麦等，这些都含有天然的抗氧化剂，有助恢复肌肤天然肤色。另外，想肌肤白净，应少摄取酸性食品如肉类、油、酒精及糖等。

米水洁面

每次洗米后，将第一遍和第二遍的洗米水留作洁面之用，可收美白功效。原因是白米中可溶于水的水溶性纤维及矿物质，会残留在洗米水中，其中的B族维生素营养很丰富。

银耳糖水

银耳又称为平民版燕窝，多吃可促进肌肤的骨胶原增生。银耳糖水可配合红枣、百合、冰糖，有助肌肤的美白。

柠檬水

柠檬含丰富的维生素 C，多喝不但可以帮助排毒，还有助美白肌肤。每天早晨最好空肚喝柠檬水 1~2 杯，最好不要加糖，可防止黑色素积聚。

Part 6. 跟毛孔 say 拜拜，让细致皮肤透出来

如果毛孔粗大，会使细菌容易侵入，产生青春痘等肌肤困扰，所以收缩毛孔是皮肤护理的关键点之一。

毛孔能缩小吗

曾不止一次地看过一个关于洗脸的小常识，就是：在洗脸时应先用温热的水让毛孔打开，以便让毛孔里的脏污能够顺利洗去，洗完脸后再用冷水轻泼脸庞，这有助于毛孔的收缩。毛孔这样一开一收的说法，虽然我们很难用肉眼观察到，不过，皮肤科专家的回答却是至今还没有任何权威的、专门针对毛孔开与收做出的、具体的临床报告。

然而，对于毛孔变大是否能缩小，却是有明确的数据证明。皮肤科专家指出，毛孔的确能缩小，关键就在于只要能让细胞间的空隙变小，进而往表皮层推挤后，毛孔自然就变小了。

只是，要让一个毛孔原本很明显的人缩小到几乎看不见，就属于不可能的任务了。如果把肌肤用放大镜仔细端详，会发现年轻肌肤的纹理是呈米字形的，当肌肤老化时，放大镜下的纹理就变成川字形了，川字形的纹理是无法保住水分的，所以毛孔也就松垮地变大了。

缩小毛孔的两大关键

1. 减少毛孔的阻塞物

毛孔是有弹性的，如果你可以减少毛孔的阻塞物，它自然就能缩小了。所以，我们一定要养成定期清理角质的习惯。

在清洁方面，水杨酸是皮肤科专家一致公认的最佳成分，其主要的功能是调整肌肤的角化过程，去除表层的老化角质，让肌肤变得平滑柔嫩。

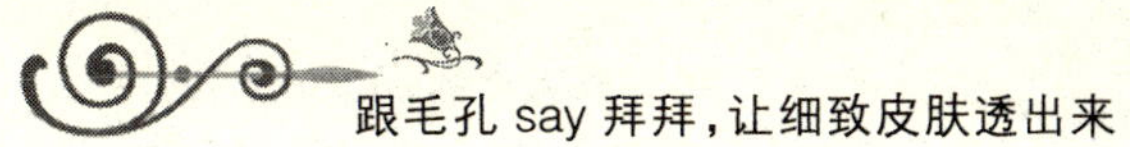

2. 保湿很重要

许多干性肤质的人也会有毛孔粗大的困扰。要改善这样的境况，除了以水杨酸成分去除角质外，保湿就成为更必要的急救法门了。所以，许多标榜能缩小毛孔的产品，同时也有保湿的成分。

毛孔粗大的具体拯救方法

找出自己毛孔粗大的原因，是缩小毛孔的第一步。

a. 因油性肌肤而引起毛孔粗大

油性皮肤和混合性的 T 形部位皮脂分泌特别旺盛，过剩的皮脂堆积在毛囊里，使毛孔膨胀，随着年龄的增长，毛孔看起来越来越粗大。

b. 因清洁不当而引起毛孔粗大

皮肤的表皮基底层不断地制造细胞，并输送到上层，待细胞老化之后形成外层老化角质层。长期不正确的角质层清洁皮肤方式，使得其新陈代谢不顺畅，无法如期脱落，致使毛孔粗大。

a、b 型的拯救方案：

定期的深层清洁及去角质工作很重要。每天的清洁都要做到手法正确，温和地去除油脂污垢，避免毛孔中油脂污垢的堆积。洗完脸后，拍上温和的含有收敛成分的爽肤水，轻轻由下往上拍打，持续一段时间后会使毛孔看起来细致很多，同时也具有抑制皮脂分泌的功效。

c. 因肌肤老化而引起毛孔粗大

随着年龄的增长，血液循环越来越不顺畅，皮肤的皮下组织脂肪层也容易松弛、缺乏弹性，如果再没有给予适当的保养与护理，必会加速老化，毛孔自然也会越来越大。

c型的拯救方案：

控制肌肤衰老速度是当务之急。面部按摩能促进血液循环和新陈代谢。按摩后使用精华素和晚霜等都有利于皮肤吸收。也可以使用专用的抗皱面贴等为皮肤补充营养。总之，只要护养得当，就可以有效延缓衰老。

如果可能的话，还可以到专业美容机构做一些面部提升护理，专业美容师的按摩手法和一些辅助仪器也有助于面部肌肤的紧实，较大程度地改善肌肤松弛和毛孔粗大的现象。

d. 因不良习惯而引起毛孔粗大

抽烟喝酒、随意挤压、使用护肤品不当、过度使用面膜，都会引起毛孔粗大。

d型的拯救方案：

烟酒是首先忌讳的东西，如果你不想在30岁时就有一张50岁的老脸的话，就一定要改掉烟酒过度的习惯。

如果脸上出现粉刺、痤疮、面疱等问题，可以使用专业祛痘产品，或者请教皮肤科专家来解决，千万不要自己随便乱挤，因为这样做会伤及真皮层，一旦形成疤痕和橘皮脸，就会造成一生的遗憾。

使用清爽型的男性专用护肤品和控油产品，使肌肤多一层防护的同时有效控制肌肤的油脂分泌，使毛孔不会因外在的污染而变得越来越大。

每周做1次具有深层清洁和紧肤效果的面膜，一方面可以吸收多余油脂，另一方面还可收敛毛孔。但一定要注意面膜的使用频率及使用方法，以免适得其反。

收缩毛孔的几个实用小方法

毛巾冷敷

把干净的专用小毛巾放在冰箱里，洗完脸后，把冰毛巾轻敷在脸上几秒钟。

用水果敷脸

西瓜皮、柠檬皮等都可以用来敷脸，它们有很好的收敛柔软毛细孔、抑制油脂分泌及美白等多重功效。

柠檬汁洗脸

油性肌肤的人可以在洗脸时，在清水中滴入几滴柠檬汁，这样除了可收敛毛孔外，也能减少粉刺和面疱的产生。但注意柠檬汁的浓度不可太浓，更不可将柠檬汁直接涂抹在脸上。

化妆棉+化妆水

事先准备 1 小瓶无油化妆水放入冰箱，一小时后，把冰冰的化妆水喷在化妆棉上轻拭出油的部位，这对毛孔粗大的你来说是清爽又有效的好方法。

鸡蛋橄榄油紧肤

将一个鸡蛋打散，加入半个柠檬榨出的汁及一点点粗盐，充分搅拌均匀后，将橄榄油加入鸡蛋汁里，使二者混合均匀。平日可将此面膜储存在冰箱里，一周做 1~2 次就可以让肌肤紧实，改善毛孔粗大，使皮肤变得光滑细腻。

栗皮紧肤

取栗子的内果皮，捣成末，与蜂蜜搅拌均匀，涂于面部，能使脸部光洁、富有弹性。

珍珠粉+牛奶

把大约 3 克左右的珍珠粉放到碗里，倒入适量牛奶，调匀，制成糊状，涂于面部就可以了。皮肤比较干燥的女孩子可以添加适量的蜂蜜，有很好的保湿和收敛毛孔的作用。

5个生活好习惯，收缩毛孔不花钱

要管理好毛孔并不是一定要依靠那些昂贵的化妆品才能实现，其实只要养成良好的生活习惯，不用花钱，毛孔就能自然变小。

保证睡眠，严防紫外线和辐射

一定要保证良好的睡眠，少对电脑和电视、少晒太阳。如果长时间面对电脑和电视屏幕，就一定要使用防辐射的隔离霜和防晒霜。

每天早晚洗脸

特别是睡前一定要彻底清洁皮肤，当然一定要用适合自己的洁肤方法。

好的皮肤还需要良好的循环，一定的按摩和运动都很重要

按摩需要沿着一定的皮肤纹理，不能乱按摩，否则很容易长皱纹；而运动，如果在户外，一定要注意防晒。运动后一定要彻底清洁皮肤并为皮肤做个面膜，这样做一方面是防止毛孔变大，另一方面是因为运动后循环快、吸收好，这个时候做面膜，事半功倍。

每天坚持给面部做个基础护理

基本上每天坚持做基本的营养面膜。芦荟鲜汁、蛋清、柠檬等，都是很好的收缩毛孔的选择。当然最好的还是绿茶，它除了能紧致肌肤、收缩毛孔，甚至还可以瘦脸，非常好用。

吃东西也很重要

多吃水果、蔬菜，适当进食一些鸡蛋和猪皮，含卵磷脂越多的食物越好。各种维生素的补充也不可少。

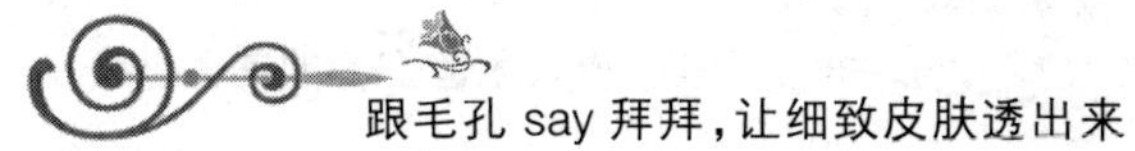

揭穿收缩毛孔的 5 大谎言

谎言一：收敛水能缩小毛孔

收敛水只能调理肌肤出油的状况，同时进一步清理肌肤皮层，但并不能够真正缩小毛孔。对于年轻的肌肤来说，毛孔多是被油脂脏污给撑大的，只要做好皮肤清洁，毛孔就会缩小。如果是已经失去弹性的毛孔，则应该补充胶原蛋白并促进增生，才能使肌肤恢复弹性，使毛孔缩小。

谎言二：对付毛孔的面膜可以每天敷

有清理皮层作用的紧肤面膜的确可以起到收敛毛孔的功效，但绝不适合每日使用！做面膜要根据自身的肌肤状况来用，而如果盲目地每天都使用紧缩毛孔的面膜，会使肌肤长期处于强迫紧绷的状态，最后反而会使用自身的弹性，其结果就是毛孔变得更大，皮肤开始松弛！

谎言三：用冰块就能缩小毛孔

冰块敷在皮肤上会感到凉凉的，于是你便觉得毛孔好像收缩了。但这只是暂时的效果，5 分钟以后，毛孔又会恢复原状。

谎言四：清洁毛孔可以用力

因为毛孔是有深度的，用洁面乳按摩对清洁深层的污垢其实没什么太大的助益，反而会因此使肌肤产生干燥的现象。深层的清洁应该交由清洁面膜来处理，使用洁面乳时，只要用指腹轻轻画圆，把脸上的彩妆油污溶解就可以了。

谎言五：抗痘产品还能收缩毛孔

如果你觉得使用抗痘痘的护肤品就能够通过抑制油脂分泌来实现缩小毛孔的目的，那你就错了。成人痘大多是因为角质硬化造成的，而不是因为皮脂腺阻塞的缘故。所以在改善成人痘时应该把焦点放在角质的护理上，别让老化角质在你脸上堆积，才是改善皮肤状态的根本方法。

定期去角质，让毛孔自由呼吸

老废细胞在肌肤表面堆积久了，肌肤就会显得暗哑，甚至摸上去有点粗糙。这时候最有效的补救方法就是动手做做去角质护理，让肌肤可以自由自在地呼吸。

颈部去角质

颈部是最性感的身体部位之一。不少 Office Lady 只在乎脸部的保养，事实上，颈部肌肤的护理同样重要。

颈部去角质的正确手法：

1. 挤出去角质霜后，以画螺旋的方式，由下往上揉搓。

2. 颈部靠耳后的部位，也要从下往上轻轻加以揉搓，之后再用手背轻拍下颌处的皮肤。

手臂去角质

胳膊是活动最频繁的部位之一，加上经常会与衣服之间产生摩擦，久而久之，很容易形成一层干皮屑。

手臂去角质的正确手法：

1. 在上下手臂分别涂抹一些去角质霜。

2. 手臂内侧，由下往上以螺旋方式加以揉搓。

3. 手臂外侧，逆着毛孔的生长方向，由下往上轻轻摩擦。

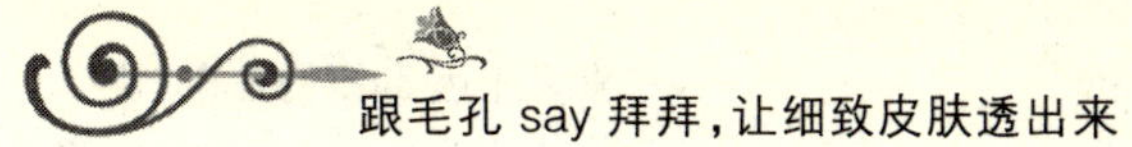

肘与膝盖去角质

先检查一下，看看手肘处的皮肤是否较其他部位更深、更黑。通常情况下，由于胳膊常常搁在办公桌上蹭来蹭去，不知不觉中就会使角质层变厚，从而变为一层不易去掉的老化角质。膝盖也是一样，时间一长，很容易堆积起粗糙的角质层。

肘与膝盖去角质的正确手法：

1. 先涂抹一层去角质霜，然后戴上去角质的专用手套加以揉搓。
2. 顺着同一个方向，就像绕圈一样，仔细摩擦整个手肘及膝盖部位。

小腿去角质

伸出小腿来瞧瞧，是不是觉得比较干，甚至开始出现蜕皮现象？

小腿去角质的正确手法：

1. 涂些去角质霜，小腿内侧从上面开始画螺旋状。
2. 小腿外侧，则以左右手不断交替的方式，直线向上摩擦。

在去角质的时候我们还要注意以下几点

1. 最好选用颗粒细腻、圆润的纯天然去角质产品，比较常见的是磨砂膏和去角质面膜。

2. 不同肤质的去角质频率要有所不同。油性皮肤一周不超过一次；中性或混合性皮肤两周做一次；干性皮肤可控制在每月使用一次；敏感性皮肤不适合使用去角质产品。

3. 去除面部角质时，手法一定要轻柔，否则可能会磨伤皮脂膜，使皮肤变得脆弱不堪。面部去角质的重点部位应是出油较多、毛孔粗大的 T 字部位。皮肤最娇嫩的眼周、唇部，以及带有伤口、过敏、湿疹、发炎的部位，不可以涂抹去角质产品。

4. 身体去角质在淋浴中进行最好。淋浴时先浸泡10分钟，让角质慢慢软化，再取一点去角质产品，用手轻轻揉搓，就可以把身体上的老化角质清除。必须注意的是，水温不可过高，大约控制在40℃左右，比体温稍高一点即可。因为水温一旦过高，会让肌肤表面的油脂大量流失，从而使肌肤变得干燥。

5. 去完角质后，可以适当喷一点具有收敛毛孔功效的喷雾之类的东西，效果会更好。

Part 7. 抗皱防衰从“小”开始

表皮的老化是由我们的真皮层老化后累积而成的结果。因此，当皮肤在外观上已经出现老化痕迹时，就很难除去了。所以，防衰一定要“防患于未然”，否则等到问题已经出现，就很难再挽回失去的青春了。

抗皱防衰是保持青春的关键

记得电影《乱世佳人》里，黑人嬷嬷强烈阻止郝思嘉的一个小动作：手肘撑在桌子上托腮，因为会使手臂和脸上长皱纹。想想看，南北战争时期的美国美人就已如此细致入微地呵护自己了。

你呢？明天或10年后，要做美女还是丑女，完全由现在的你决定。想拥有光洁冰透的肌肤，并非一朝一夕的事情，在很大程度上，它需要一个特别持久的好习惯的配合。

纠正你产生皱纹的恶习

1.Don't 用手撑脸

长期影响：会生成永久性的皱纹。

2.Don't 皱鼻子

长期影响：年轻女孩也会长皱纹。

3.Don't 偏爱某侧牙齿。

长期影响：左右不对称的大小脸就此诞生。

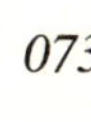

4.Don't 挤眉弄眼

长期影响:额头上的五线谱悄悄出现。

除了上述的不良小动作要摒弃以外,选择适合你的抗衰老、防皱产品也是抗衰的关键。好的抗皱产品能延缓皱纹产生的时间,并能淡化脸上的色斑和小细纹,让你重现青春光彩。

电脑族的抗皱防衰三部曲

进入E时代,快节奏成了现代办公的主流,然而不少长期面对电脑的人过早地出现生理衰老、体质衰退和心理衰弱的现象。

电脑办公族该如何应对这种早衰综合征呢?

合理摆放电脑

尽量别让屏幕的背面朝着有人的地方,因为电脑辐射最强的是背面,其次为左右两侧,屏幕的正面反而辐射最弱。

人与电脑的距离以能看清楚字为准,至少50厘米到75厘米的距离,这样可以减少电磁辐射的伤害。调整好电脑显示器和坐椅的相对高度。

如果没有专门的电脑桌,可以将坐椅逐步垫高,直到颈部感觉放松为止。

谨防眼睛中招

Office Lady面部衰老最明显的地方就是双眼,所以,最好使用有滋润效果的眼霜。同时,在使用电脑时应注意养成良好的用眼习惯。比如,每隔1小时就要休息5~10分钟,远眺放松;显示屏的亮度要适中,不可过亮,背景尽量选择多色素的;尽量不要在黑暗中看电脑。

跟"鼠标手"说拜拜

上网族每天重复在键盘上打字和移动鼠标,导致周围神经损伤,出现手部麻木、灼痛、腕关节肿胀、手部动作不灵活甚至无力等"腕管综合征"。尝试依次

做下述动作：

1. 用手表做辅助器械，按顺时针和逆时针转动手腕25次。

2. 吸足气用力握拳，用力吐气，同时急速依次伸开小指、无名指、中指、食指。左右手各10次。

3. 用一只手的食指和拇指揉捏另一手手指，从大拇指开始，每指各做10秒钟，平稳呼吸。

4. 双掌合十，前后运动摩擦至微热。每天3分钟，有助于促进血液循环，缓解手腕肌肉酸痛，防止腕关节骨刺增生。

胶原蛋白的补充不能少

很多爱美女性在皮肤开始松弛、衰老的时候才发愁，如何才能抗衰老。其实，抗衰老应该从年轻时就开始做起，而且胶原蛋白对于抗衰老必不可少。

认识一下什么是胶原蛋白

胶原蛋白是一种高分子蛋白质，存在于人体肌肤、骨骼、牙齿、肌腱等部位。

从美容的角度来看，胶原蛋白是维持肌肤、肌肉弹性的主要成分。当我们的年龄超过25岁，肌肤中的胶原蛋白就开始流失，人的肌肤也因此开始出现皱纹、斑点等老化现象，这时我们就应该开始适当给肌肤补充胶原蛋白了。

目前，国际上流行的补充胶原蛋白的方法主要有三种：

1.外用

在化妆品中掺入一定的胶原蛋白和氨基酸，直接涂抹对皮肤有保护和抗老化的作用。胶原蛋白面膜是最好的外用形式，这种面膜对皮肤、毛孔的渗透效果比普通面膜提高数十倍，可迅速补充肌肤中流失的胶原蛋白，抚平皱纹。但它的缺点是有效时间太短，而且即使长期使用也不能转化为自身的胶原蛋白。

2.注射

由专科医师执行注射的方式，能够改善脸部出现的皱纹问题。这种方式主要适用于面部皱纹、鱼尾纹、眉间皱纹、鼻唇间皱纹、痤疮疤痕、疾病或外伤引起的皮肤萎缩等。

它的缺点是：

（1）某些人会对直接注射的胶原蛋白过敏，注射后可能产生不适症状。皮肤科专家建议过敏体质的人先做过敏测试，确定没有不良反应，再施针。而目前比较新的做法是注射玻尿酸来取代胶原蛋白，这样做可以避免过敏问题，安全性更高。

（2）作用暂时，其功效只能维持半年至两年。

（3）注射胶原蛋白的昂贵费用也不是一般人所能够接受的。

3.口服

口服胶原蛋白，在肠胃会被水解吸收，成为人体合成胶原蛋白的原料。这种方法最大的好处就是自体吸收、自体合成，无排异不良反应，而且效果显著，维持的时间长，相对其他的办法费用更加低廉，能容易被爱美女性所接受。

目前已知的含胶原蛋白较丰富的食品主要有肉皮、猪蹄、牛蹄、牛蹄筋、鸡翅等。此外，市场上也出现了一些口服的胶原蛋白药品。

什么样的女孩子需要开始专门补充胶原蛋白

我们来做个小测试，你就知道自己是否需要补充胶原蛋白了。

a. 你的年龄已经超过 25 岁了吗？

b. 你开始感觉到自己的肌肤有了衰老的征兆吗？

c. 你的指甲只要留长一点就会发生断裂吗？

d. 你的皮肤总是感觉干燥吗？

e. 你清晨上班前化妆时，必须比从前要多花 10 分钟来遮盖脸上的细小纹路吗？

如果你有 3 个以上的 Yes，那么你就需要为自己的肌肤补充胶原蛋白了。

疯狂补充，不如及早预防

既然现有补充胶原蛋白的方法，不论外擦或内服，效果都不是十分完美，专家们认为，由预防做起，减缓胶原蛋白流失和变性才是最明智的方法。

具体做法：

首先是防晒。皮肤医学认为，90%以上的皮肤提早老化都是不当的阳光曝晒造成的。

其次，要均衡饮食，尤其要多摄取含抗氧化物的蔬菜和水果，如胡萝卜、西红柿、葡萄等，还要多喝点红酒和茶，它们可以保护皮肤内的胶原蛋白。

最后，别忘了要避免食用高脂肪食物。高热量、高脂肪，尤其是油炸食物都容易产生自由基，加速皮肤老化。

明星级抗皱秘诀——每天一杯红酒

红葡萄酒含有营养丰富的红酒多酚和葡萄子提取物，它不仅能预防动脉硬化，还具有消肿瘦身、美白润肤的功效。

红酒与抗衰老

红酒对肌肤的最大益处是：从上等的红酒中通过生物技术提取的浓缩

精华，可控制皮肤的老化。红酒中富含一种营养物质——“多酚”。它的抗衰老能力是维生素E的50倍、维生素C的25倍，它无疑是最佳的天然抗氧化剂。

红酒与嫩肤

早在1886年，一位生物学家就指出：“葡萄酒是最洁净、最保健的饮料。”过去的法国宫廷贵妇人、如今的影视明星和模特都是常备有陈年的葡萄酒用以滋补养颜。用红酒美容，可促进肌肤的新陈代谢，使肌肤恢复健康光泽，让粗糙肌肤重新变得细腻光滑。

红酒与祛痘及净化肌肤

红酒中含有温和的低浓度的果酸，其具有良好的净化肌肤的作用。

果酸可以轻柔地将皮肤表层的老化细胞剥落，同时，刺激真皮层的新陈代谢与健康更新，对暗疮、粉刺患者有恢复皮肤健康的特殊效果。

红酒与美白祛斑

红酒中所富含的葡萄多酚可以快速地阻断黑色素的产生并抑制酪氨酸酶的活性，抵挡紫外线引起的色素沉着，从而减少雀斑的产生，同时，红酒还能保持皮肤弹性、改善皮肤的健康状况。

此外，红酒中的葡萄酒酸，能够促进皮肤角质新陈代谢，让皮肤更白皙、光滑。

自制美白抗老红酒面膜，让你比白雪公主还白

用红酒自制的面膜常常有立竿见影的奇效，它具有美白、抗氧化等作用，具体的做法如下：

1.选酒

红酒由葡萄酿造而成，带有天然的暗红色泽，含有丰富的抗氧化多酚。所以，你在购买红葡萄酒的时候一定要认真看看它的原料，如果上面写着“葡萄、葡萄汁(100%)”，那就是它了。

2.过敏测试

尽管不少人敷过红酒面膜后，肌肤焕然一新，但由于红酒面膜含有酒精，即使经过处理，蒸发掉了部分酒精，仍有一些敏感皮肤的人会对此过敏。所以第一次使用前，一定要先给自己做一个过敏测试。

测试时，调配少量的红酒面膜，不放入纸面膜，而是取少量抹在手肘或颈部。如果24小时之后没有任何红、肿、痒等刺激感，再敷于面部。

3.红酒面膜的具体制作方法

(1)把红酒倒入消过毒的玻璃杯内，然后把玻璃杯放到沸腾的水里浸泡20分钟左右，让红酒中的酒精蒸发掉一些，以免因为刺激过大引发皮肤过敏反应。

(2)待冷却后，把蜂蜜和珍珠粉倒入红酒中搅拌。蜂蜜可多舀几汤匙，因为蜂蜜越多，红酒面膜就越黏稠，敷的时候越不容易流下来。

(3)待纸面膜充分膨后，取出面膜，贴在脸上敷20分钟左右。揭下面膜后，用清水洗净脸，然后涂一些具有锁水功能的保湿霜。

防衰从什么时候开始呢

专家的一致意见是：越早越有效。防衰，其实就是变着法子阻碍皮肤老化的进程。那么，我们需要怎么做才能拥有最好的防衰效果呢？下面来看看最专业的建议吧。

胶原蛋白饮料和胶原蛋白护肤品，哪个更有效

防衰其实应该是内服与外用搭配才效果更好。应该说，高科技的胶原蛋白护肤品疗效更快、更直接；而内服的胶原蛋白产品的效果更持久。

抗皱如爬楼梯，应该爬会儿，歇会儿

虽然防衰要早，专家们又建议“梯级防衰，才最好”。具体实施方式如下：

1. 防晒

专家认为,从小防晒都不为早。

2. 修护

算不上有衰老痕迹,只要感觉皮肤比以前“差一口气”了,就该加强保湿修护,促进新陈代谢。

3. 抗松弛

如果你的眼下似有松松的“小眼袋”、你的毛孔变得没有弹性、你的鼻翼两旁出现阴影、你不胖却开始出现双下巴……那么,你需要抗松弛了。

4. 抗皱

当你出现第一条眼部细纹,或鼻翼旁“法令纹”,或额头表情纹……你得抗皱了。

如果你很年轻,只是局部有细纹,总体肌肤弹性还不错,那你应该全脸使用抗松弛精华作为预防,并在细纹处局部使用抗皱精华进行修护。

防衰不在于价高

有研究数据表明,在60岁之前,东方女性的皮肤要比西方女性至少年轻10岁。所以,欧美品牌在防衰抗皱方面的表现更为突出,往往由多条产品线、多角度出击,给了消费者更多的选择。

面对欧美保养品全面充斥国内市场的今天,我们选护肤品的诀窍就在于“选对”,而非“选贵”。

防衰产品不在多

很多人以为,全系列使用防衰产品效果才最好。其实按皮肤的需求来使用,效果才最好。

对初期防衰的年轻肌肤来说,往往只需一款产品:一瓶防衰晚霜或一支防衰精华。再配合最基础的清洁、保湿、防晒,就足够了。

过于强效,既可能“白搭”,还可能出现皮肤营养过剩,影响了皮肤自身的机能。

相仿价位的产品，选最新的

早期的防衰产品是“由外而内”，通过增加油脂、去角质来实现短暂的皮肤外观改善；而新型的防衰产品则是“由内而外”，通过维生素 A、维生素 C、果酸、氨基酸等，以“精华”的形式，从皮肤深处来活化细胞、抗自由基、保护 DNA、重建细胞联系等，实现皮肤生理功能的提升。

于是很多新型防衰产品的名称，不再直接冠以“抗皱”、“紧肤”等字眼，而突出“活化”、“再生”的意义。所以，如果你在一大堆防衰保养品中不知如何选择，就试试相仿价位中最新的产品。

让你永远 20 几岁的抗衰绝招

知道人为什么会变衰老吗？知道如何才能有效预防衰老吗？专家认为，人的衰老主要由四个因素导致，我们只要搞定这四个衰老因素，就可以年年都是 20 岁。

基因

随着年龄的增长，同样年龄的女生，有的还像高中生，而有的则鱼尾纹纵生。到底是什么让肌肤日日变老？ 又是什么原因使每个人的衰老进程都不一样？专家们认为先天的遗传只是其中一个因素，你的肌肤类型、骨骼结构、生活习惯等因素综合起来才决定了你皮肤衰老的进度。

这种情况如何减缓衰老

虽然不能改变自己的基因，但你可以尝试使用一些抗衰老产品来帮助你减慢细胞老化的速度。此外，你应该好好地问问你的祖母和母亲，她们的第一条皱纹出现在哪个位置，然后你就要悉心护理这个区域的皮肤。

肌肤类型

如果你是油性肌肤，那么这绝对是一个令你振奋的消息。因为油性肌肤意味着你不那么容易“变老”。油性皮肤的人皮脂分泌旺盛，而皮脂中含有丰富的维生素E，它是一种有效的抗衰老成分。

油性皮肤的你看上去会比同龄的朋友年轻得多。而干性皮肤的人因为皮脂分泌少，因此就会更早出现皱纹问题。因此，干性皮肤的人需要每天都进行肌肤补水护理。

这种情况如何减缓衰老

在抗衰产品质地的选择上，你一定要特别挑选适合自己肌肤类型的产品。通常油性肌肤的女性会有粉刺的困扰，因此要选择清爽、无油啫喱状的抗衰产品。如果你的肌肤是干性，那么要特别选择一款滋润、补水效果佳的抗衰乳霜。敏感性肌肤的人，一定要坚持使用不含香料的抗氧化配方产品。

脸部骨骼结构

你一定还不知道轮廓分明的颧骨也能让你看上去更年轻。那些天生就拥有轮廓分明颧骨的幸运女孩，看上去总是那么优美，视觉上好像能把脸部的皮肤上拉并使其呈现紧实的状态。而失去了颧骨的支撑，脸就会迅速凹陷进去，呈现老态。

不过，值得注意的是，骨骼构造有优势的你一定不要过分节食。随着年龄的增长，我们体内的脂肪会自然而然地流失，如果这时你仍然在饮食中坚持不摄入脂肪，那么你的脸就很容易“瘪掉”，从而老得更快。

这种情况如何减缓衰老

脸部按摩可以促进淋巴腺循环，并帮助脸部肌肉塑形。无论何时，当你清洁脸部的时候，用你的指尖以打圈的方式稍加用力地为脸部做按摩：由脸中间向外，并向上做一个提升的动作。然后用食指支撑于脸中间的位置，张开中指并做出一个类似剪刀的形状，然后用力沿着下巴的轮廓按压，一直按压至耳朵。

还有就是，别忘记要适当食用含有脂肪的食物来维持肌肤的粉嫩状态。不过我们所说的“含有脂肪”的健康食物可不是指甜甜圈之类的食品，而是坚果类、鸡蛋或是鱼类等。

生活方式

生活中的很多东西都会加速人类皮肤衰老。其中，影响力最强的要数日光、烟雾和空气污染。

紫外线是最坏的家伙。喜欢晒日光浴的人，在通常情况下，看上去的年纪会比实际年龄大 10~20 岁。

吸烟和二手烟同样对肌肤具有破坏性的影响。这常常会让女性看上又老了 10 岁。

另外，我们繁忙的生活同样也有着消极影响。熬夜和酒精都会加速衰老的过程。压力和紧张会使我们在皱眉的同时产生表情纹，这可能会导致永久性的皱纹。

这种情况如何减缓衰老

白天保护：使用防晒产品和抗氧化产品。

夜晚修复：使用含维生素 A、维生素 C 和羧氨酸成分的产品。

其实肌肤所需的最重要的营养成分就是维生素 A，因为它能修复因日晒引起的细胞破坏，并能促进皮肤胶原质的产生。所以，你的晚间修护类产品中一定要有一个产品含维生素 A。

饮食方面，可以选择食用一些含丰富抗氧化成分的食品，如黑巧克力和红酒，然后额外补充一些抗氧化剂营养素。这样一来，你就帮了你的肌肤一个大忙了。

祛皱偏方大集合

但凡天性爱美的女士们最不愿意看到的，要算是那恼人的小皱纹不知何时已悄悄爬上了自己的眼角眉梢。皱纹的出现确实是令人大伤脑筋的事情，但也不要太过紧张，下面给大家介绍一些简单易行，效果又不错的祛皱方法，坚持一段时间后，也许会给你一个惊喜。

米饭团祛皱

当家中香喷喷的米饭做好之后，挑些比较软的、温热的米饭揉成团，放在面部轻揉，这样做可以把皮肤毛孔内的油脂、污物吸出。直到米饭团变得油腻污黑，我们再用清水洗净脸部，这样可使皮肤呼吸通畅，减少皱纹生成。

鸡骨祛皱

皮肤真皮组织的绝大部分是由具弹力的纤维所构成的，皮肤缺少了它就失去了弹性，皱纹也就聚拢起来。鸡皮及鸡的软骨中含大量的硫酸软骨素，它是弹性纤维中最重要的成分。把吃剩的鸡骨头洗净，和鸡皮放在一起煲汤，不仅营养丰富，常喝还能消除皱纹，使肌肤细腻。

猪蹄祛皱

用适量猪蹄，洗净后煮成膏状，晚上睡觉时涂于脸部，20 分钟后洗干净，坚持半个月会有明显的祛皱效果。

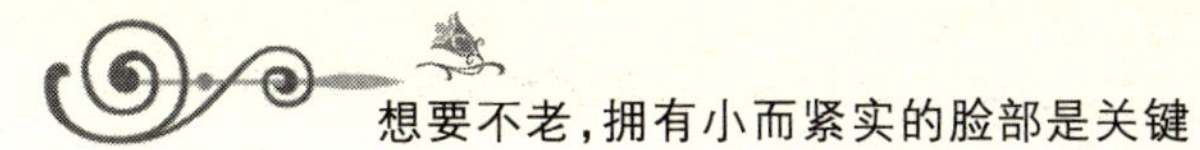

Part 8. 想要不老，拥有小而紧实的脸部是关键

小而紧实的脸部让你看起来更显年轻的原因在于：小的脸形总让人看来显得比实际年龄更小，而紧实的脸部让你的面部肌肤时时洋溢着健康和青春的气息。

胖脸的四大因素

1. 水肿

面部浮肿多发时期是月经来潮前的 2 天。在此期间，水分和毒素排泄困难，导致血管扩张，使水分自血管渗出并滞留于组织内。

当然，如果你平日疏于饮食，贪食高盐、辛辣食物等，浮肿就会随时困扰你。

对策：这样的胖脸其实是最幸福的，你无须减肥、整容以及受任何的“折磨”，只需要吃清淡一点、睡前不要喝水就 ok 了。

2. 脂肪

身体的肥胖不仅会体现在腰腹和四肢，脸部也是最显而易见的地方。面部脂肪过多，而又极少运动，很容易变成胖嘟嘟的苹果脸。

对策：脂肪性的胖脸美女也是十分幸运的一群。因为你想瘦脸的话，是无须大动干戈的。只要采用正确的减肥方法加部分的脸部按摩，你的脸就会一天天地变小、变美。

3. 咬肌发达

面部咬肌发达，也是导致你脸胖的一大因素。

对策：咬肌发达使得很多本来可以是小脸美人的女生，看起来脸部鼓鼓的。这类脸形的女生想要瘦脸有些麻烦，通过瘦脸针的注射使这类脸形变小的最快速的方式。否则就只能通过“天天对咬肌进行按摩+不吃硬的、过于有弹性的食物”，来慢慢“缩小”我们的咬肌了。

4. 大骨骼

如果你生来就是张“大脸庞”、“大骨骼”，那么无论你有多么瘦，也不可能变成一个小脸美人。

对策：这样的大脸是最让爱美的女人头疼不已的，因为不管自己已经有多么的瘦，脸却因为骨骼的原因仍然圆圆的，又或者方方的。这种脸形的女人想要瘦脸，唯一的办法就是进行整形手术，这很麻烦，也存在一定的隐患。

生活中关于瘦脸需要注意的细节

在日常生活中，好多小细节只要我们稍加注意，也能达到瘦脸的目的。

1. 远离烟酒，烟酒会破坏维生素 C，对皮肤弹性构成威胁。
2. 进食时慢慢咀嚼食物，以锻炼脸部肌肉。
3. 用温水冷水交替洗脸，来促进血液循环及新陈代谢。
4. 常喝咖啡以帮助排除多余水分。
5. 多吃薏仁，促进身体水分的新陈代谢。
6. 改掉高枕睡觉的习惯。
7. 太夸张或面无表情的讲话方式都需要改善。

塑脸按摩操，让脸部“紧绷绷”

按摩对熟龄肌肤真的很重要。不管使用什么保养品都可以配合按摩来让保养功效更向上提升。

按摩的基本程序，是“由下往上、由内往外”。在每天早晚进行保养过程中加入按摩这一步骤，绝对能让你明显感受到肌肤的变化，如果再配合每天刺激能消除浮肿的穴道，长时间下来，脸部的线条当然也会变得更紧实。

重塑脸部轮廓线，让脸小一号

1. 促进淋巴循环

利用大拇指、食指、中指三个手指指腹的力量，按捏下巴的肌肉。这样的力道是最合适的。之后延伸到耳下的肌肉，此时力量可以稍微重一点，促进淋巴的循环。

2. 改善眼周细纹

在太阳穴附近轻轻按压，改善眼周的细小纹路。

3.塑造颈部线条

以大拇指、食指、中指三指的指腹轻捏颈部线条，以平行颈部纹路为主。

最后延伸到下巴部位的线条即可。

4. 雕塑脸部中心线

改善下巴轮廓。从右边面颊做起，以拇指沿耳朵凹位向下顺按至锁骨位，循环做 10~20 次，能畅通淋巴腺和改善下巴轮廓；左面按法相同。

轻捏嘴巴周围，利用指腹力量，慢慢捏。尤其是法令纹的位置，要更仔细，就像是要把纹路统统捏消失。

轻捏额头部位，记得要停留 10 秒钟左右。

以中指指腹的力量按压鼻翼两侧，可以促进脸部血液循环，赋予肌肤活力。

消除脸颊浮肿。从鼻翼两旁以食指做小打圈式于颧骨下方按到唇边，能消除脸颊浮肿，循环做 10~20 次，能抚平笑纹。

预防面肌松弛。由下巴尖端开始，按压至耳背骨，循环做 10~20 次，可控制荷尔蒙分泌，保持皮肤弹性及预防肌肉松弛。

5. 塑造脸颊的纹路

由唇周开始揉捏，改善脸颊附近的纹路现象。同样利用大拇指、食指、中指的指腹力量。 顺势拉到脸颊，再往上到眼尾，在眼部部位，动作要更加轻柔，以免弄巧成拙，反而加速皱纹的产生。

最后将头低下，运用大拇指的力量按压两颊中心点。

瘦脸小动作，塑出瓜子脸

1. 伸舌头瘦脸

不时伸伸舌头，可以防止形成双下巴，或把舌头用力顶牙龈，同样可以收到收紧颈部肌肤的效果，从而减少脸部脂肪堆积。每天做10分钟的舌头瘦脸操，脸上赘肉扫光光。

舌头四步操：

（1）把舌头向里面卷，使舌尖能够到达喉咙的部位。

（2）把舌头卷起，使舌头和嘴巴里的每一个部分都能接触。

（3）做完舌头运动后把嘴里的唾液一点点吞下去。

（4）把舌头伸到外边，尽量伸长，使舌头几乎能够舔到鼻子或下巴。

2. 每天轻轻敲打自己的脸蛋

把除了大姆指以外的四只手指靠拢，放在脸上大约是上下臼齿的位置，在脸上画圆，以从内向外的方式，而且要轻轻地拍打3~5圈，一边做完之后再换另一边，重复5次。动作时，嘴巴肌肉要处于放松状态，所以会呈现出微微张开的样子。

瘦脸工具来帮忙

不管是按摩还是使用塑脸产品，只要方法正确、产品质量没问题，那都能对瘦脸起到一定的作用。但是如果你再为自己加上一个瘦脸小工具，那是不是更能起到事半功倍的作用呢？

下面给大家介绍几款实用的瘦脸小工具：

1. 塑脸瘦脸机

来自日本最新技术，采用流线型设计，以高科技研制而成，具有电子和气压按摩双重功效。气囊充气工作时压迫脸部，能达到一个轻拍脸部的效果，它模拟正常脸部肌肉运动，帮助再塑脸部造型。利用电子脉冲效应及气压按摩，模拟掌心推挤般的气囊效果，让爱美的女人舒服又轻松调整脸部线条。

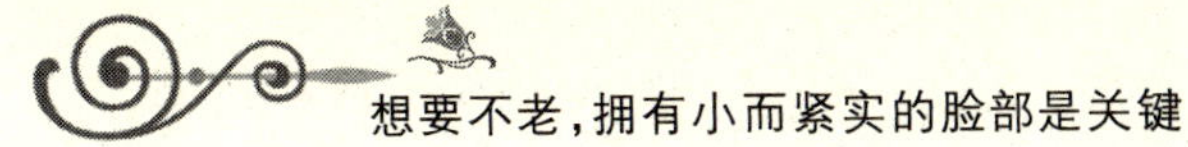

2. V形脸颊专用舒缓按摩器

V形脸颊按摩器可促进脸部肌肤新陈代谢。使用此按摩器在脸上来回摩擦，可以令脸部肌肤细致有弹性。经常使用有很好的瘦脸效果。按摩球很柔软，不会令皮肤敏感。

3. 滚轮瘦脸器

要使脸部富有弹性，前提条件是消除脸部僵硬的肌肉。用滚轮按摩脸部，达到促进脸部脂肪代谢的效果，从而收紧脸部肌肉，还你一张瘦瘦小脸。它可帮助促进脸部的血液循环、淋巴按摩，有效消除脸部肌肉的疲惫僵硬感及浮肿现象，并改善肌肤松弛现象。

坚持使用塑脸产品，告别细纹和松弛

现在，明星效应使得“小脸即美”成为一种时尚，但削骨、磨腮、打瘦脸针等整容手段对大多数普通人来说还是有点极端。其实，目前一些含有新科技成分的保养品，可让皮肤更紧致，也有助于我们成为小脸美人。

小圆脸怎么紧肤

虽然脸部的脂肪含量不多，但随着身体脂肪的增加，脸部脂肪细胞仍会出现胀大这一问题。你可以选择针对面部脂肪的紧致瘦脸产品，此外，还需要戒掉口味重的食物和频繁嚼口香糖的习惯。保养品的成效绝不可能数天内达到，至少要坚持使用两个月以上才有可能看出效果。

浮肿脸怎么紧肤

那种只要多喝点水，或是熬夜、血液循环不佳时便难逃面部浮肿的人，代谢较差，可以选择改善并加强肌肤血液循环或水分代谢为主的保养品，成分以咖啡因、葡萄柚、天竺葵等为主。这些保养品可恢复微循环正常的运作，让血液运送的水分量与被回收的水分达到平衡，让脸蛋看起来更紧致。

松弛脸怎么紧肤

真皮层内的胶原蛋白会随着年龄的增长而逐渐流失，因而当老化现象发生、肌肤变得松弛下垂时，就会有双下巴、脸形线条走样的情形。

这种情况应该使用具有紧致提拉效用的脸部保养品，帮助改善胶原蛋白的质量与数量，以达到维持真皮层完美的弹性度，从而使脸形看起来更具立体感。

食物助你快速瘦脸

要想快速地在短短两个星期瘦脸成功，女人在平日的食物挑选上，就应该多多注意摄取含高钾质的食材，因为钾质能够增强体内代谢功能，排除因为不当饮食或生活习惯所产生的脸部肿胀问题。此外，高纤维质的海藻类、豆腐、豆干及青菜、水果，都是小脸的好朋友。

菠菜

菠菜含有丰富的钾及维生素 A 和 C，但是必须特别注意烹调方式，因为菠菜是相当容易流失营养的食材。

豆苗

绿色的豆苗菜含有相当丰富的营养，其中当然少不了有利消除水肿的钾，而且豆苗菜也可以强化咀嚼效果，是兼具营养价值及促进口腔活动的优质食品。

红萝卜

相当营养的红萝卜是瘦脸的最佳食材之一，每天早上喝一杯现榨的蜂蜜红萝卜汁，养颜又美容！

西洋芹

和以上食物一样，西洋芹具有营养价值及促进口腔活动的功能，不论拿来作为食材，还是在夏天最顺口、简单生吃，西洋芹都是十分可口又健康的饮食！

整形瘦脸须谨慎

随着美容行业的日渐火暴，目前，有越来越多的人选择整形美容来达到完美自己的目的。然而，并不是所有的人都适合整形。

瘦脸整形手术安全吗

瘦脸整形是常见的整形手术，能够很明显地改善面部轮廓。瘦脸整形既然称为手术，就必然存在常规手术都会存在的一定风险。

如今的瘦脸整形手术有如下几种

1.削骨瘦脸

骨骼型的大脸，也就是下颌角宽大的人只能通过磨骨手术来瘦脸。这种瘦脸方式属于较大型的整容手术，需要在专业的医院、由专业的整容医师操作。

2.去咬肌瘦脸

去咬肌瘦脸除了前面所提到的注射瘦脸针这个方法之外，还有另一个方就是对肥大的咬肌进行摘除。咬肌肥大多伴有下颌角肥大、下颌角外翻等情况发生，一般手术多在去除下颌角的同时去降部分咬肌。

3. 吸脂瘦脸

这种方式主要针对面部软组织的肥厚和增生进行手术。通常整形师采用耳后或颏下吸脂的方法，做个 2~3 毫米的微小切口，就可以恢复轮廓的清瘦立体感。

瘦脸整形前注意事项

1.手术前两周内，请勿服用含有阿司匹林的药物。

2.术前不要化妆。

3.女性要避开月经期、孕期以及妊娠期。

瘦脸整形后注意事项

1.为防止术后感染，术后两天内应禁食，主要靠输液维持生理需要。72 小时后可以进半流食，如：酸奶、鸡蛋羹。

2.一个月内不应吃过硬的食品，也不宜大笑。

瘦脸整形成功的关键在于找到擅长做瘦脸整形手术的医生。正确选择整形医生需要注意以下几点：

1.瘦脸整形要找技术好的医生

每个医院里都有很多医生，而技术好的只是部分医生。术前应多看看宣传资料，还可通过熟人介绍，从侧面了解医生的水平。

2.瘦脸整形要找擅长此项手术的医生

选择医生时，要看他的手术专长，有的医生水平高，但他不一定擅长做瘦脸整形手术。医生的专业背景、哪里毕业、受过哪些整形美容训练等，是医生水平的很好参照。

3.瘦脸整形要找年龄适中的医生

整形医生年龄太大或太年轻应慎重，建议选择年龄在 35~50 岁左右的医生，这一年龄段的医生的经验、审美水平、手术技巧等均达到其职业生涯的顶峰，术后效果才会有所保障。

两种神奇瘦脸化妆术

如果你已经努力地试过所有的瘦脸运动及按摩方式都毫无成效，或者你因为马上要出席一个重要的活动需要立即拥有一张漂亮的小脸，小脸化妆术就能马上帮你达成心愿，只需简简单单化个妆就能达到瘦脸的神奇视觉效果。

下面，我们就向你介绍两种瘦脸化妆术。

画眉瘦脸法

修饰眉形可赋予脸部轮廓紧缩的效果。眉毛是决定五官平衡的重要关键，所以即使仅是稍稍地变化眉形，也会让人惊讶地发现，脸蛋变瘦小，五官显得立体多了。

在眼珠外侧的延长线上画眉峰，眉尾稍微画长一些，这就是使眉毛看来纤细的要诀。此外，想让脸蛋变小时，一定要挑高眉头才有效果。

最理想的眉毛长度，是眉尾不超过连接一条从鼻翼经过眼尾到眉尾的45度延长线。

描画步骤：

1.高挑眉最为重要的是确定好眉峰及眉尾的位置，注意眉尾不要过长。

2.如果眉形本来就是高挑型，顺着原来眉形描画即可。

3.如果眉形纤细且不够完整，可以将眉毛后半部分完全剔除，再用眉粉或眉笔补齐。

4.在眉骨部位刷上淡淡一层可以突显轮廓的白色眼影。

5.蓝色的眼影使整张脸看起来修长而利落。下眼皮画强烈一点的颜色，能使眼神深邃、引人注目，脸部也变得修长、利落。其次用棕色眼影刷上眼窝，也是制造出眼部阴影的技巧。此外，沿着眼眶画上深蓝色的上、下眼线，以强调眼部的存在。

需要注意的是，这个瘦脸法只适合椭圆形脸或圆脸；不适合长形脸。

利用粉底的色差，让脸神奇地变小

1. 第一步要学会打粉底

利用“深色收缩、浅色膨胀”的原理，在较突出的T字部位使用白色粉底，强调五官的立体效果，并能造成视觉上的集中。而在两颊使用接近肤色的粉底，可使脸颊看起来较瘦。此外，在脸部周围使用比肤色深一点的修容饼或蜜粉，更能修饰脸部的线条，给人小脸的印象。

具体方法是：

取适量白色粉底涂抹于T字部位，并轻轻地推开；眼睛下方亦使用少许白色粉底；

利用指腹将肤色粉底在脸颊部分仔细而均匀地推开；

将薄薄一层蜜粉按压在脸上，然后利用刷子蘸取颜色比肤色深的蜜粉或修容饼，于下颌线补刷一道。

2. 水汪汪的大眼睛，让人忘记脸的大小

精致的眼线、长而浓密的睫毛，以及选用深浅不同的眼影，所画出来的深邃眼眸往往会使人忘情地将注意力放任眼部，相对忽略脸部轮廓的大小。

具体方法是：

将浅棕色眼影均匀地刷上眼窝；

利用笔状眼线液在上睫毛的根部，由眼头描绘出一道圆滑而清洁的曲线，在眼尾部位轻微地上扬，再轻轻地将睫毛膏刷上睫毛。

3. 善用唇彩，使脸产生视觉变小的效果

善用唇线笔描绘立体唇形，并选择和肤色接近的口红色系，再搽上具有集中光线、强调唇部立体感的唇彩，如此一来，利用唇部和脸部的落差所造成的视觉效果，脸便好像变小了一般。

具体方法是：

用唇线笔仔细地描绘出上、下唇的轮廓；

利用唇笔刷均匀地涂上口红，并和唇线充分融合；

在唇部中央抹上唇彩。

需要注意的是，选择颜色鲜艳的口红，可以使脸颊看起来较瘦。而且颜色鲜艳的口红还有使皮肤纹理细致、具透明感、表情漂亮等效果。比如：玫瑰色口红对于五官的立体化和脸形的修饰，就有很明显的效果。

4. 请腮红帮忙，让圆脸变小脸

腮红绝对是修饰脸形的绝好武器。不管你是脸形过于宽阔还是笑肌很发

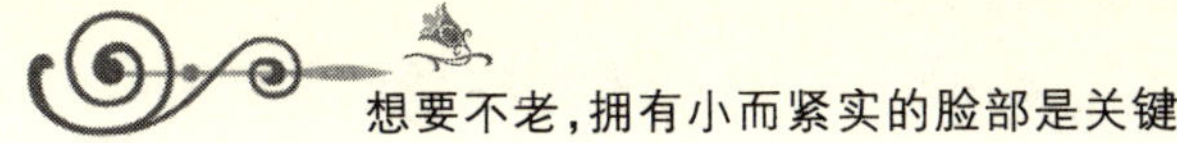

达，都可以通过打腮红来起到改善脸形的作用。

用接近肤色但比肤色稍深的腮红从脸颊斜斜地往太阳穴刷去，利用视觉上的错觉使得脸部有拉长的效果。

具体方法是：

在刷腮红时，保持微笑的状态，从脸颊向外眼角处刷；

将刷子上的余粉补刷在下巴处；

扫匀之后，你还可以用食指蘸点银色眼影粉，在两颊扫一下，能够增加脸形的立体感。

大脸变小脸的障眼法

就算你拥有一张不算小的脸庞，你也要勇于面对，千万不要被当下的巴掌脸风潮给吓倒，发型、衣着……全方位下手。想尽一切办法改变自己的造型，大脸女生亦可魅力无敌。

选对发型很瘦脸

美丽当然要从“头”开始，选择一款适合的发型，对于任何脸形的女生都是非常关键的。如果你的发量稀少，而且很服帖，最忌讳的就是选择误以为能瘦脸的中分直发。那种捂住腮帮子的直发，根本无法挡住的脸，相反，发量稀少且紧贴头皮更易凸显你的缺点。

你该尝试的，是风情感大卷发，或是层次感十足的斜刘海。大卷发的蓬松感及美丽卷曲度能够分散注意力，让你的整个头部造型看起来更富立体感，而斜刘海则能有效地修饰你宽阔的额头，令你的脸至少看上去小了1/3。

戴对耳环整体妆效更出众

大脸女生其实很适合戴耳环，选择与发型及衣着相配的耳环，绝对可以起到锦上添花的作用。需要注意的是，大脸女生切忌选择小坠耳环，这会将你的脸形衬得更大。较为夸张的耳圈或是波西米亚风格的大耳坠更加适合大脸形女生。

Part 9. 做个明眸善睐的“电眼女王”

人们常拿“人老珠黄”形容女性青春不再的悲哀。虽然衰老是不可抗拒的自然规律，但我们正确的保养确实能起到延缓衰老的作用，长时间保留着那明眸善睐的青春气息与美丽。

20、30、40 眼部保养全方位

20、30、40，女人生命历程中最重要的三个阶段，在惊叹岁月在女人脸上留下的痕迹的时候，何不将美丽冷藏，将痕迹抚平，给眼部肌肤一次彻底的全方位保养。

20 岁，保养始于青春期

皮肤在 20 岁时，激素分泌相当旺盛，因为每天化妆、外在环境的变化，或是因为初涉人世没有足够的经验去选择化妆保养品，或太过忙碌而疏于正确的保养、清洁等诸多原因，导致这个年龄层的皮肤呈现不稳定的状态。而对于眼部周围的皮肤来说，虽然还没有出现各种不适症状，却是潜藏危机的年龄。这个年龄段的人应该选择具有保湿舒缓等功效的眼霜来维持眼周肌肤的最佳状态。

30 岁，眼部保养黄金期

眼睛是女人最容易显老的部位，30 岁女人的皮肤正面临着人生中最重要的转变阶段，此时肌肤开始出现缺乏水分的迹象、皮肤光泽度稍减，而眼部的变化则更为明显，整体呈现严重的干燥现象，失去光泽、缺乏弹性，眼周容易出现小细纹。所以无论工作如何紧张忙碌，都不要忘记对眼部的保养。30 岁以后是眼睛保养最关键的阶段，一定要针对自己的问题保养眼部。

40岁，需要更专业的保养

40岁的年龄决定了你现在的主要保养方式应由表皮保养转为真皮修护，特别是对于眼部皮肤，不只是单纯涂些保湿眼霜就可以的。选择那些专门为40岁女性设计的活细胞系列保养品来呵护肌肤，可以将原本的单纯表现滋润护理变成深度滋养的真皮护理，从根本上活化紧致眼周皮肤和细胞，从而恢复年轻活力，使其看上去更加盈润有弹性。

使用眼部保养品，需要注意4点

你的眼部问题是什么呢

这是首先需要明确的。每个人存在的问题不同，每个品牌产品的功效也不尽相同，明确了自己的问题，选择产品才能有的放矢。

眼部的常见问题有以下几个：

1.黑眼圈

多由于熬夜晚睡、劳累过度等原因，造成眼周微循环不够畅通，血液内缺氧，废物堆积，色素沉淀等。

2.眼袋

长期疲劳造成眼周微循环不畅，皮肤松懈下垂，弹性降低，堆积多余的脂肪。

3.水肿

新陈代谢能力降低，眼部微循环不畅，多余水分不能排除。睡前喝水较多是一种原因，有时眼睛过度疲劳、晚睡，第二天早晨还没有苏醒就强行起床，也会造成水肿。在温度、湿度都较高的夏季也比其他时候更容易出现水肿的情况。

4.干纹

因为眼周皮肤较其他部位皮肤更薄，储水能力较差，容易干燥；加上眼部较明显的动作、表情，这样最容易形成干燥纹。干纹可称之为“假性皱纹”，如能及时补充水分，即可在较短时间内消失。

5.细纹

随着年龄的增长和各种侵害的积累，皮肤新陈代谢速度减缓，弹性降低，

胶原蛋白和弹力蛋白的合成减慢，眼皮由于缺乏骨胶原对表皮的支撑而产生皱纹。在这种情况下，单纯补水已经不能解决问题，一定要选择含有抗衰老成分的产品。

眼霜怎样使用

很难有一款眼霜产品适合所有的人和所有症状。不同产品选用不同的成分，解决不同的问题。我们在购买眼霜时，虽然无须强记那些抽象的生涩名词，但是说明书是一定要看的。各个产品都会在“适用肌肤”一栏中标明适用人群或适用症状，对症选用，才能收到最佳效果。

眼霜的使用时间和频率

不同的眼霜产品，使用要求不同。有的要求早晚各用一次，有的只在晚上使用一次，还有一些特护产品，每周使用一次即可。

眼周肌肤比较薄，本身含油脂的量也少于其他部位肌肤，因此眼霜也不能越多越好。超出眼部皮肤自身能吸收的量，会适得其反，长出油脂粒。一般的眼霜，用在洁肤爽肤之后、润肤之前，当然如果不同产品有特殊的要求，你就要按说明进行。

怎么用才能达到最好的效果

一般的眼部护理品都只是笼统地告诉我们把眼霜用在眼周，其实眼周、眼部是一个比较笼统的概念，很多人都有疑问：“眼霜到底用在眼睛具体的什么部位，才能既充分发挥产品功效，又不会出现‘油脂粒’等不良现象呢？”

专家建议：将产品最先涂抹在眼眶骨一周，先涂下眼眶，再涂上眼眶，通过按摩吸收，渐渐移到眼睑。

此外，如何使用眼霜也是非常重要的一点，使用方法不对，完全可能令一款好的产品无法发挥效力。有些产品要求平躺，有些直立即可；有些要辅助按摩，有些贴上即可；有些要停留 5~10 分钟，有些打圈至吸收即可……每款产品的要求不同，所以再次提醒你，在使用眼霜的时候要认真阅读说明书。

最后,提醒你几个护眼的小方法

1.用无名指按摩

眼周肌肤特别娇弱,按摩时需轻柔进行,所以应使用无名指。

2.打圈

按摩时以打圈的方式进行,下眼睑从内眼角到外眼角逐渐向上,上眼睑从内眼角到外眼角逐渐向外,到眼尾处略微上扬。

3.分界线

以眼眶骨作为“眼部”和整个“脸部”的分界线,在“眼部”使用眼霜,在整个“脸部”使用面霜,两者不要重叠。否则重叠处用量加倍,更易长出油脂粒。

4.放松运动

我们剧烈运动后,不是马上停下来休息,而是要做伸展、放松运动,这样恢复得更快。眼睛也是一样,在看完电脑、电视等对眼睛来说是比较高强度的运动后马上睡觉,反而不容易从疲劳状态中出来。所以,当你进行完眼睛的“剧烈运动”后,应该有一个让它放松、伸展的过程,比如眺望一下远处,洗脸、涂眼霜、按摩眼部,或者和家人聊聊天,一些常规的表情会带动眼球做轻微的转动,这些都是很好的“眼睛放松操”。

眼部皮肤保养与护理的秘密

眼睛周围的皮肤特别柔细纤薄,并有许多的皱褶,故眼周肌肤水分蒸发速度较快;同时,眼周皮肤的汗腺和皮脂腺分布较少,特别容易干燥缺水。这些因素决定了眼睛是最容易老化并产生问题的地方。一般自 25 岁以后眼周肌肤就开始走下坡路,出现黑眼圈、鱼尾纹、眼袋、肉芽、浮肿等问题。所以,预防和护理是十分重要的。

眼部保养分内在保养、外在保养和特殊护理三种。

内在保养

1. 睡眠充足，切忌熬夜。

2. 平时多喝水，睡前避免大量饮水。

3.保持乐观情绪，及时治疗疾病，尤其是内分泌紊乱。

4.避免阳光直接照射。

5.勿养成眯、眨、挤眼睛的习惯。

外在保养

1.卸妆清洁：因眼部及眼周肌肤颇为敏感细致，故卸妆时应极为小心，必须用眼部专用卸妆水或卸妆膏，用化妆棉轻轻卸除。

2.选用合适的眼部保养品：目前市场上销售的眼部保养品有眼霜、眼胶、眼部精华液等多种。眼霜的滋润性、营养性强，适合于眼部有皱纹者；眼胶是一种植物性啫喱状物质，成分温和，易吸收且不油腻，适合于黑眼圈、眼袋等；眼部精华液则适用于各种情况。一般是先用精华液，再用眼霜或眼胶。取用约绿豆大小的眼霜就足够了，最好先热敷再涂抹，并配合按摩和指压，这样效果更好。

3.按摩和指压：眼部按摩可促进眼周血液循环肌肉运动，亮眼，清除疲劳。

4.眼膜护理：每周 1~2 次，提供眼部特别的滋润与放松，可用含有胶原蛋白的眼膜护理。

特别护理方法

1.眼睛酸涩疲劳：可用牛奶洗眼。将纱布折叠成小片，在牛奶中完全浸透，覆盖在眼皮上 20~30 分钟，能增强眼部肌肉活力，解除疲劳。

2.黑眼圈：可用喝剩的红茶包敷眼，每晚睡前使用，20~30 分钟后取下，对后天性黑眼圈效果较好。

3.眼袋或生理性浮肿：新鲜土豆切成片先揉擦眼部患处，再敷在眼周 15~20 分钟取下，可消肿，经常使用可减轻眼袋症状。

千万别让自己“人老珠黄”

明·兰陵笑笑生《金瓶梅词话》第二回写道:“娘子正在青年,翻身的日子很有呢,不像俺是人老珠黄不值钱呢。”

看到这句话，很多女孩子都有一个疑问:“为什么要用人老珠黄来形容容颜老去的女人？为什么人老了,眼珠就黄了呢？”

现代医学认为,人老珠黄的原因,主要是长期紫外线照射、灰尘刺激等,引起眼球结膜下脂肪沉积、变性,并长出脂肪颗粒、睑裂斑等,这些会影响眼珠外表的光滑度及色泽,由原来的淡蓝色逐渐变得发黄。

那么,我们怎样做才能延缓衰老,拥有一双清澈透明的眼睛呢?

外出时戴上墨镜

墨镜可遮挡强光,避免紫外线照射,同时可隔离灰尘等。戴墨镜不分春夏秋冬,只要有阳光都戴。但要注意,一是在室内不要戴,以免影响视功能;再者要选质量过关的眼镜,劣质墨镜不仅不能防止紫外线,还会吸收紫外线,对眼睛伤害很大。另外,戴墨镜还可防止白内障的发生。

饮食营养也很重要

注意补充多种维生素,尤其是维生素 B、A、E、C,它们具有帮助眼睛抗氧化等作用。另外,还要注意尽量远离刺激性饮料,注意用眼卫生,不过度看电视、电脑等。

用眼药水可对眼球造成伤害

由于不需医师处方就可随时买到眼药水，所以许多人都忽视了眼药水的合理使用方法。

事实上,那些在药房可以买到的眼药水仍然具有一定的危险,使用这类眼药水必须遵照包装说明书的指示，因为非处方眼药水也可能引起过

敏反应。

如“人工泪液”是一种润滑剂，可以减少眼睛的刺激感。此类眼药水对常人来说可一再使用，用药次数不受限制。但有过敏反应的患者，则需买未含防腐剂的眼药水来滴用。还有一些眼药水，点用次数太频繁，可能会使眼睛变得更红、更容易受刺激。

此外，若错误地使用眼药水，不但对病情没有帮助，甚至会带来许多后患。如有人在出现眼疾后，一次点数滴眼药水，认为加大药量，疾病会早日痊愈，其实药水一次点一滴就够了。一滴眼药水约有 30 微升，而结膜囊内可贮存的容量平常只有 7 微升，点药水时最多也只能增加至 30 微升。太过频繁地点用，药水内的防腐剂会对眼球表面造成伤害。

还有一点就是，不同种类的眼药水也不要同时点入，因为眼泪循环会在 5 分钟内将点入的眼药水排泄掉，所以一种药水点完 5 分钟后再点入另一种，才不会把先点入的眼药水给稀释掉。此外，有些眼药水在固定的时间点用才能发挥最大的作用，因此，应该在什么时候点眼药水，最好询问一下医生。

别让皱纹出现在你的眼周

要想有效地防止皱纹的出现，除了要养成良好的生活和保养习惯，还可以尝试以下几个小窍门：

多做面部按摩

每天用少许按摩霜，以中指由眉心开始轻轻往外向下按压，在皱纹易出现部位重复按摩 6 次。

蛋清祛皱

每次在清洁肌肤后涂上滋润霜，并坚持每星期做一次面部水分护理，比如用一个蛋清加入一匙蜂蜜调匀，再加两滴橄榄油来润肤防皱。

此外，多做增加眼皮弹性的运动对去掉眼部皱纹也有很好的效果。具体方法如下：

1. 按额头，增强眼皮弹性

双手自然放在前额上。

双目紧闭,将眼睛上部的肌肉最大限度地向下拉紧。此时,放在前额上的双手同时用力,维持眼眉不同时下坠。自然呼吸5秒钟,维持该状态。熟练后,时间增至10~20秒钟。

2. V手形，预防眼下细纹

食指和中指做成V形，自然放在双眼两边的尽头。中指位置在眼睛靠里边的尽头，食指位置在外边的尽头。

视线向上固定,肌肉紧张起来,缓缓闭上双目。此时,食指和中指尖轻轻用力并按住眼尾。可以预防并舒展皱纹。

这个状态保持10~20秒钟,反复3次。

3. 深呼吸，预防眼窝凹陷

深深吸气至双颊鼓起。

将吸进的空气送往眼球后部,即使不容易做到,也要努力按要求去做。

保持上动作,眼睛向上瞪起,将眼球顺时针方向转动3次,然后再向逆时针方向转动3次。

将吸进的空气缓缓排出。

4. 眼睛按摩

双手对搓发热后,贴近双眼。上下轻轻按抚10次以上。

双手贴近双眼不动,缓缓拉动向后推移。注意不能过于用劲,以免皮肤被拉动。

手指张开,轻轻向外按压眼睛10次左右。

走出黑眼圈的困扰

黑眼圈是美容的大敌，谁也不愿意看到自己美丽的脸蛋上挂着两道浓

黑的“败笔”。因此，好好看看以下的建议，争取早日走出黑眼圈带给我们的困扰。

避免过敏性的黑眼圈

要避免过敏性的黑眼圈，方法有3种：

首先是找出过敏的原因，如有的人对牛奶、乳制品、鸡蛋或其他食物过敏。

其次是在医生指导下服用抗组织胺剂药物。

还有就是将床朝头那边的脚抬高10厘米，这样能改变眼底的血液循环，并改善血液的引流。

保持健康的生活方式

夜生活过频造成睡眠不足，吸烟、喝酒过量等，人的身心疲乏，眼睑局部的血管收缩功能下降，造成眼睑处水肿、淤血，也会使眼睑出现阴影发暗。

给眼圈多点营养

给眼圈涂点蜂蜜。洗脸后让水分自然干，然后在眼部周围涂上蜂蜜，先按摩几分钟，再等10分钟后用清水洗净。

给眼圈“喝”酸奶。用纱布蘸上些酸奶，敷在眼睛周围，每次10分钟。

中药也可治黑眼圈

用赤小豆30克、丹参12克，水煎取汁，然后加入红糖，吃豆喝汤，坚持一段时间就会有效果。

用菊花12克、桑叶12克、生地12克、夏枯草12克、薄荷3克，水煎后，用此汤先薰蒸眼部，再擦洗眼眶，可以治疗因视物疲劳所致的眼部干涩，是一个明目美眼的良方。

拒绝眼袋，教你怎么做

眼袋是怎么产生的

眼袋就是下眼睑浮肿。根据眼袋产生的原因，可分为真性眼袋和假性眼袋两种。

真性眼袋一般是先天遗传等不能够通过平时皮肤护理保养可以消除的，必须通过眼袋切除手术来消除，比如脂肪性眼袋。

而假性眼袋则恰恰相反。假性眼袋可能是本身的疾病造成的，也可能是眼轮老化，眨肌眼眶膜退变、松驰、下眼睑脂肪移位下垂，或者日常的生活习惯，比如喝酒、抽烟、熬夜，食用含盐量过高的食物，使用了含高油量配方的化妆品等造成的。

现在，知道了是什么原因造成了我们讨厌的眼袋，那就来看看具体的预防和消除方法。

预防眼袋

首先，当然是要有良好的生活习惯，抽烟、喝酒要有度，尽量不要熬夜。饮食上也要注意，对于含盐量较高的食物要少吃，化妆品自然也就不能用含油量高的。

预防眼袋，还需要注意下面几点：

1. 眼睛周围的皮肤极其薄弱，化妆或卸妆的时候，动作要轻柔，切忌用力拉扯皮肤。

2. 画下眼线时以不拉动眼皮为原则，为求方便，可以用干粉扑轻按在面上来稳定手的位置，这便不容易画错位置了。

3. 洗脸时，用棉花抹洗眼睛周围的皮肤，比用粗糙的毛巾好。

4. 配戴隐形眼镜的时候，不要拉下眼皮，如果想方便地戴上镜片，可轻轻拉高上眼皮。

5. 不要养成擦眼睛、眯眼睛、眨眼睛的坏习惯；阳光猛烈的时候要戴上太阳眼镜。

6. 切忌减肥、节食，以致营养不良或体重突然下降的现象出现，因为脂肪量迅速改变会影响皮肤弹性。

7. 每天要多喝清水，至少 8 杯，尤其是早上起床时，晚上则不适宜饮太多水。

8. 早、晚要涂眼霜，早上可用有紧肤效用的眼部啫喱，晚上则使用能补充水分的滋润性眼霜。

眼袋的补救方法

1.针对睡眠不足造成的眼袋，有一个快速缓解的方法，就是利用冷敷的方法。首先用保鲜纸包好两三块冰粒，再将毛巾对折盖在眼皮上，接着把冰块放在眼袋上面。另外，也可以用冷冻茶包或浸过冻牛奶的化妆棉，它们消肿镇静作用同样有利于缓解眼袋。

2.每晚睡前若能用维生素 E 胶囊中的黏稠液对眼下部皮肤进行为期 4 周的涂敷及按摩，能收到消除下眼袋、减轻衰老的良好效果。

3.睡前在眼下部皮肤上贴无花果或黄瓜片，坚持下来可收到减轻下眼袋的美容效果。也可利用木瓜加薄荷浸在热水中制成茶，晾凉后经常涂敷在眼下皮肤上。

4.睡前用无名指在眼肚中央位置轻压 10 次，每晚持之以恒，可减轻眼部浮肿的问题。

吃什么能让眼睛明亮健康呢

眼睛角膜的光洁度、明亮度、对事物反应的灵敏度及视力状况都与营养密切相关，合理的营养可以增强眼睛的抗病能力，保持健康。那么，眼睛喜欢“吃”什么呢？

眼球视网膜上的视紫质由蛋白质合成，蛋白质缺乏，可导致视紫质合成不足，进而出现视力障碍。因此，平时要给眼睛多“吃”些含蛋白质较高的食物，如瘦肉、鱼、乳、蛋和大豆制品等。

维生素 A

维生素 A 是构成眼感光物质的重要原料，素有“护眼之神”之称。维生素 A 充足，可增加眼角膜的光洁度，使眼睛明亮有神。

含有维生素 A 较多的食物有动物肝、水果、蔬菜等，可多食。

维生素 B

维生素 B_1、维生素 B_2 是参与包括视神经在内的神经细胞代谢的重要物质，有保护眼睑结膜、球结膜和角膜的作用，能预防眼角皱纹的形成。维生素 B_1 维生素 B_2 缺乏时，会出现眼睛干涩、结膜充血、眼睑发炎等症状。

含维生素 B_1 较丰富的食物包括米糠、麦麸、粗粮、豆类及花生等，因此，选择主食不必过精，淘米次数不宜过多；维生素 B_2 的主要来源是肝、蛋、乳和蔬菜，可多食。

维生素 C

维生素 C 是眼球晶状体的重要营养成分，摄入不足易患晶状体混浊性白内障、角膜炎、前房、虹膜出血等。

富含维生素 C 的食物有柚子、番茄、枣、猕猴桃及绿色蔬菜等。

微量元素

在人体内含量虽然不到体重的万分之一，但作用很大，没有它们，新陈代谢就无法进行，其中有 5 种微量元素对眼睛的影响重大。

锌能增加视觉神经的敏感度。食物中牡蛎含锌量最高。肝、奶酪、花生等含锌量也很高。

钼是组成眼睛虹膜的重要成分。大豆、扁豆、萝卜缨中含钼较丰富。

铬不足时，会导致近视。含铬丰富的食物有糙米、牛肉、蘑菇、葡萄和蔬菜等。

钙和磷可使巩膜坚韧。排骨、肉、乳品、豆类、新鲜蔬菜和鱼、虾、蟹等是含钙和磷丰富的食物。

枸杞子

枸杞子清肝明目的疗效大家早已知道,因为它含有丰富的胡萝卜素,维生素 A、B_1、B_2、C,钙、铁等,是健康眼睛的必需营养。

枸杞子的三种食疗配方:

1. 枸杞子加米:煮成粥后,加入一点白糖,能够治疗视力模糊及流泪的现象。
2. 枸杞子加菊花:用热水冲泡饮用,能使眼睛轻松、明亮。
3. 枸杞子加猪肝:煲汤,具有清热、消除眼涩和因熬夜出现的黑眼圈。

决明子

决明子具有清肝明目及润肠的功效,能改善眼睛肿痛、红赤多泪,防止视力减弱。

Part 10. 做个美丽“色”女郎

男人看女人，“色”为先。比如他们形容女人“秀色可餐”；再比如他们形容自己为“色郎”。撇开这些词语本身的褒贬之意，单单从字面上看，我们不难发现，原来，男人真的很在意女人的“色相”。

赶走暗沉，让自己眉飞色舞

从什么时候起，我们的脸色开始变得难看？那么，我们如何才能要回“好脸色”？

动手清除面部“垃圾”，“秀”出自然好气色

如果说排毒是帮助清除皮肤内部的毒素和废物，那么去角质就是皮肤表面的清理工作。

要想使肌肤保持柔润，每周需做两次去角质深层护理。如果你是敏感皮肤，可以选用含细小微粒的温和配方型产品。而如果你的肌肤健康，可以用磨砂型产品，选择含红盐或是海盐的产品进行深层肌肤护理。

促进血液循环的活颜面霜

把肌肤表皮细胞的老化角质清除掉后，就要配合使用具有促进新陈代谢及血液循环的养颜护肤品，使老化角质自然脱落、更新，让肌肤恢复红润气色。

1. 银杏：银杏能改善血液循环，让肌肤焕发出光彩和弹性。

2. 茶多酚：茶多酚是从绿茶中提取的多酚类化合物，能使疲惫肌肤及老化皮肤恢复到健康细嫩红润状态。

3. 锰：轻柔去角质和防止血管收缩，能有效地激活和改善微循环，使肌肤释放出活力，真正起到为皮肤减压的作用。

使用密集焕肤产品

丢掉脸上“包袱”，为肌肤去芜存菁，重现明亮光彩，有密集焕肤功效的保养品具有帮助肌肤吐故纳新，迅速焕发光彩的功效，通过更高浓度的有效配方，在一个生理周期内(大约 28 天)，尽可能更深入地为皮肤提供更多的养分，让皮肤状态在相对短的时期内达到一个高峰。

密集焕肤注意事项

美容焕肤保养品愈来愈多样化，浓度也愈来愈高。尽管许多产品为了避免果酸刺激，强调使用温和的甘醇酸或其他酸类，但建议使用前先确认你的肌肤是否容易敏感，以免过度刺激产生不适。

使用任何去角质或焕肤产品后，最好再抹上保养保湿乳液或乳霜，防止肌肤水分过度流失。

若你的皮肤敏感，别太过频繁敷脸或去角质，以免破坏皮脂膜，使肌肤更加脆弱。

使皮肤红润的小秘方

食盐法

取一定量食盐跟水混合搅匀(高浓度)，用化妆棉蘸盐水在面部轻柔涂抹，几分钟后，脸上水分蒸发剩下白粉状时，用清水冲净。这样不但能够彻底清洁隐藏在毛孔中的污垢，还能去除老化的角质层，进而恢复脸部光泽。敏感性皮肤慎用。

按摩法

洗完脸，用双手从内到外轻拍两颊，动作不要太大，以造成皮肤轻微的颤动为准，而对于眼眶、鼻梁等无法拍打的地方就用无名指轻轻按摩，每次 5 分钟。这样让皮肤经常运动，能够增强自身新陈代谢，保持青春光彩。

枣仁敷面法

用黄柏皮、木瓜根研末后加枣仁一起捣成泥浆，每天早上坚持敷脸，待敷干后清洁干净，脸部肌肤会变得有光泽。

蜂蜜滋润法

每次洗脸时，先用温水清洗，然后倒出适量蜂蜜于手掌心，双掌对搓，然后双手在面部向上向外打圈按摩，按摩完毕，用温水清洗干净，涂搽营养护肤品。坚持1周以上就能明显感觉到面部富有光泽。

不少女性饮食上存在误区：拒绝肉类、主食，以蔬菜、水果充饥，这样极易导致贫血。因贫血而面色苍白、疲惫的女性可以试试以下食疗方法：

1.木耳红枣汤

黑木耳50克、红枣30枚加适量水共煮，可经常食用。

2.龙眼莲子粥

原料：龙眼肉10克、莲子15克、粳米100克。

以上原料加适量水，先用大火煮沸，改用小火慢煨成粥。

3.归姜炖羊肉

原料：当归12克、生姜12克、羊瘦肉100克。

同煮后吃肉喝汤。

让你面色绝佳的4个小招式

皮肤是身体的镜子。只要身体是健康的、心态是健康的、生活方式是健康的，那么仅需简简单单做好清洁、保湿、防晒，就能让皮肤“亮”起来。

去除老化角质

新陈代谢趋缓、紫外线、压力、熬夜等，都会使老化角质“赖”在皮肤表面，而无力自然脱落。新的角质无法透出来，便使皮肤看起来厚厚的、沉闷、晦暗，摸起来有些硬、有些粗糙，有时还会起小疙瘩。

要注意的是，当皮肤处于敏感状态、有痘痘或有伤口未愈时，不可以任何方式去角质。去角质之后,应立刻敷保湿面膜或营养面膜,因为这时候皮肤的吸收力最强,要进行最及时的修护。

促进血液循环

微循环是肌肤健康亮泽的决定因素,由于环境污染、年龄增长等原因,皮肤表皮的血管功能会减退,使血液循环减弱,肤色中的粉色调减少,而使肌肤显得苍白、偏黄或"面露菜色"。

促进血液循环的一个有效办法,就是按摩。最简单的按摩方式,就是由内而外、由下而上地轻轻打圈或按压。

要注意的是,每次按摩时间以 5~10 分钟为宜,不可太久。按摩也有温和去角质作用,以每周 1~2 次为宜,不可求多。偏薄的、敏感的、红血丝皮肤不宜按摩。按摩后同样应用保湿类保养品锁住因按摩而打开的毛孔。

清除肌肤毒素

汽车尾气中的重金属、臭氧,会使皮肤产生大量毒素,令蛋白质、脂类物氧化,甚至造成细胞的损伤和提前死亡。

吸烟、大量饮酒、熬夜等不良生活方式,则会造成过多废弃物积聚在真皮层中,导致淋巴循环、血液循环不畅,细胞供氧不足便变得干瘪、失去活力。

这些反映在脸上,就是泛黄、暗哑、干燥和粗糙;油性皮肤,更会明显感觉"油油脏脏"的。也许是为了"顺应"这种不健康的生活环境与生活状态,护肤品中出现了越来越多的排毒产品,通过这些产品,我们能有效清除肌肤毒素,令皮肤透出健康的白皙亮泽。

熬夜后,10 分钟变出好肤色

大家知道,熬夜对女人的皮肤有很大的伤害,所以,只要有可能,女人最好不要熬夜。但有时候因为这样那样的原因,我们还是免不了要熬夜,那该怎么办呢?以下便告诉你如何在熬夜后还能轻松拥有好气色!

熬夜前

如果准备要熬夜了，请一定要注意以下几点：

1. 卸妆，将脸洗净，这样既可避免让残妆造成肌肤负担，又可避免肌肤过于油垢产生痘痘。

2. 再给面部敷上面膜，面膜以强调保湿成分为主，像玻尿酸等。

3. 多喝温开水。

熬夜后

在通宵熬夜之后，隔日肌肤的急救法可依照下列方法进行：

1. 肌肤熬夜后皮肤往往会丢失大量水分，暗沉无光，最快速有效的补救方法就是使用面膜，以高保湿度为主要诉求最好，成分方面以玻尿酸等高保湿成分为首选。

2. 如果天气冷，敷完面膜后肌肤会感到紧绷，脸部温度会下降，所以敷面膜时可趁洗澡时或待在暖炉旁，在面膜上加覆一层保鲜膜或干的毛巾，借以提升皮肤浅层的温度，都是不错的方法。

3. 熬夜肌肤最常产生毛孔粗大、黑眼圈、痘痘等问题，使用产品急救后，换个方式再化个美美的妆，也是很好的办法。化妆时要克服肌肤干燥所产生的浮粉现象，最好先使用底妆液，避免用质地干燥的两用粉饼上妆。

熬夜后的上妆细节

1.膏状腮红比粉状更能贴紧肌肤，若担心颜色太红，怕突兀，可将腮红膏调合粉底液，再轻点于脸上，可让妆效自然并服贴。

2.要让暗沉的肌肤恢复光泽，可借由按摩几个刺激性强的穴道，来促进血液循环，每个穴道约按压10~20次。

3.冷热水交替敷面可改善黑眼圈，先用冷水或热水都没关系，两者交替可促进血液循环，冷水温度约冰箱冷藏室温度，热水温度约40度。

睡前 10 招，让你不化妆也有好气色

熟睡时皮肤细胞格外活跃，皮肤表面的新陈代谢使皮肤能够吸收更多的营养，清除表皮的多余物质，保证肌肤细胞的再生。所以，睡眠好会让你神采奕奕，肌肤紧致，眼睛澄亮。如果睡前能做到下面的 10 个方面，晨起必定容光焕发。

1. 晚餐时，不要吃得太饱，这样会导致睡觉时血液集中在胃部，使脸部血液量减少，影响肤色。要尽量避免或少量摄取盐分，最好不要喝酒，这样可以避免晨起时面部及眼睛周围出现浮肿的状况。

2. 在睡前一定要记住清除掉脸上的妆容，这样有利于夜间皮肤的呼吸与排泄废物及汗液；如果清洁方法不正确，很容易造成眼睛红肿。因此，应该用棉球蘸取眼部清洁液，放在眼皮及睫毛上 10~20 分钟，再用棉花轻轻擦拭干净。

3. 在睡前可以先用湿水浸泡茶袋，然后将其压在眼皮上 10 分钟，再涂上眼霜，这有利于眼部肌肤的保养，能防止鱼尾纹的产生。

4. 在睡前，首先将脸部清洗干净，然后用棉球蘸取收敛水轻轻拍打在脸上，再抹上乳液。睡前清洁脸部能清除掉污垢，减少其对皮肤的侵害。

5. 睡前用热水泡脚能够促进血液循环，使人容易进入梦乡；泡脚后在脚上涂抹乳液，用双手在脚趾、脚底、脚面反复按摩，能够为脚部提供营养，防止脚部衰老。

6. 在睡前不妨做一做脚趾运动，既简单又有效。具体步骤是：伸直脚趾 5 秒钟，再弯曲 5 秒钟，每只脚做 5 次。这个运动有助于缓解一天的疲劳，让你轻松入睡。

7. 全身清洁和护理。在睡前，可以洗一个热水澡，这有利于缓解疲惫的身体。洗澡后，用润肤油或润肤露轻轻按摩全身。然后穿上烘暖后过 10 分钟的浴衣或睡眠袍。这时肌肤会彻底吸收衣服上的温度，使肌肤更加光洁和富有弹性。

8. 牛奶有催眠的神奇功效。因此，那些容易失眠的人，睡前不妨喝一杯新鲜牛奶，这会放松你的神经，使你轻松入眠。

吃出来的迷人唇色

唇色红润有两种原因

首先是先天生得唇膜较薄，唇下的血色能很好地透出。

除了先天因素之外，让唇色红润就要靠养生了。

唇红则血气要盛，食用含铁较高的食物可以有效调节人体气血。含铁较高的食品，如肝脏类、苔菜等。

新鲜的西红柿、芹菜、油菜、柑橘、杨梅、杏、红枣等果蔬中维生素C及铁的含量较高，维生素C可促进铁的吸收。茶叶和菠菜会降低人体对铁的吸收。

唇色红润的小偏方——红枣黑木耳汤

材料：

枣干300克；

黑木耳50克；

冰糖少许。

做法：

将枣干用温水洗净；黑木耳泡软洗净，切掉硬结的部分，然后切碎成末。

放入沙锅中加入适量水。先是大火，开锅以后转为小火，煮2个小时左右，时间越久，汤就会越黏。

饮用：

每天喝3次以上，每次50毫升，一周以后，你会惊喜地发现嘴唇在逐渐变红。

Part 11. 巧用高科技，让你旧貌换新颜

有人说："人不爱美，天诛地灭。"那么，把高科技用在美容上那也就是天经地义的事情了。

解读高科技美容名词

高科技的美容产品里添加了什么样的物质，是哪些东西在左右你的肌肤状况？如果你拥有一大堆护肤品却完全不知道每天帮助你美白抗衰的是什么成分，那就看看下面的内容吧。

玻尿酸

玻尿酸是一种透明酸质，又称为糖醛酸，它是保养成分中最强的保湿因子之一。水是生命的泉源，衰老的身体会逐渐丧失水分，人体组织保持水分最重要的物质之一就是玻尿酸。

玻尿酸对美容有什么功效？

玻尿酸的保湿效果是胶原蛋白的16倍，是当今公认的最佳保湿产品，由于玻尿酸可使肌肤长期维持在健康状态，故称为"最佳保湿因子"。

玻尿酸不但能够帮助肌肤从肌肤表层吸取大量水分，还能增强皮肤长时间的保水能力。人体肌肤在25岁后开始老化，肌肤内含的玻尿酸会逐渐流失，造成肌肤水分流失，失去弹性与光泽，肌肤就会开始有皱纹、粗糙暗沉及肤色等。

如果将肌肤维持25岁的保水状态，肌肤老化问题即可暂停或减缓，美白及除皱才能有效果。唯有使用玻尿酸系列美容保养品，才能解决肌肤老化的问题，保养肌肤才会有效。

辅酶 Q10

Q10 是一种对人体健康很重要的辅酶，是人体内很好的天然抗氧化剂，能提高人体免疫力、抗氧化能力和减缓衰老速度，使肌肤更显光泽，让人容光焕发及青春常驻。

从食物中，人体能自然合成辅酶 Q10。通常情况下，人体内辅酶 Q10 的浓度在 20 岁的时候是最高的，随着年龄增长，浓度会逐渐降低。

辅酶 Q10 对美容有什么功效呢？

氧化所带来的破坏力是导致皮肤老化的罪魁祸首，也是引发种种皮肤炎的祸根。

而自由基侵袭皮肤，会造成皮肤失去弹性，随之变得松弛及出现皱纹。自由基还会导致肌肤出现色素斑和色泽不均匀等问题。

辅酶 Q10 是一种强效抗氧化剂，能抑制自由基侵害，使肌肤更显光泽。

当皮肤中辅酶 Q10 含量不足，细胞就不能正常运作，影响皮肤的各项机能，粗糙、暗沉、松弛，甚至细纹等皮肤衰老症状，也就会逐渐一一出现。

通过吃一些健康食物或是其他产品来补充辅酶的流失，能使人体减少疲劳感，通过增强机体功能，为身体提供能量，甚至重现年轻光彩。

胜肽

胜肽就是多肽，蛋白质的某一部分，有抗皱换肤等功效。

多肽是人体自身存在而且必需的活性物质，是人体的重要组成物质。人体缺失了多肽，免疫系统、各功能系统就会发生紊乱，就会出现各种慢性病。

胜肽对美容有什么功效？

先前引发美容界热潮的胶原蛋白、弹力蛋白是大分子的蛋白质，小分子的胜肽较容易为皮肤所吸收、利用。

很多美白产品都含有胜肽，胜肽最大的功效主要是帮助皮肤增强吸收功能，不过也要看它是哪种胜肽而定，当中以六胜肽的化学成分对皮肤而言是最好吸收的。

胜肽本身并没有保湿的功能，主要的功效应当是抗氧化和减少色素，如果

想要消除细小皱纹或许可以试试看，不过如果是很明显、很深的皱纹，胜肽还是派不上用场，要通过其他方式来解决。

多酚

多酚类物质被称为“第七类营养素”，具有潜在促进健康作用的化合物。它存在于一些常见的植物性食物，如可可豆、茶、大豆、红酒、蔬菜和水果中。

多酚对美容有什么功效？

有数据显示活性氧促进老龄化的过程。皮肤作为身体最外层的保障，经常暴露于外在的氧化应激来源，特别是紫外光。少量的低分子量抗氧化剂，尤其是维生素 C 及维生素 E、抗坏血酸及生育酚，都可以提供保护效用对抗皮肤氧化。

让你年轻 10 岁的高科技美容法

整形手术的风险性往往让人望而生畏，而下面的这些高科技美容术让我们拥有了不动刀子就变完美的好机会。

双效美白再生仪

就算是做足防晒功课，夏日里强烈的紫外线也还是会让肤色变黑，特别是到了 25 岁以后，皮肤修复的速度远远赶不上受损的速度，除了在家使用美白面膜，还应当去美容机构尝试高科技含量的美白再生仪。它通过模拟年轻态 DNA 对于皮肤的代谢再生状态，使皮肤细胞层过滤黑色素迅速更生，击退黑色素，令肌肤早日净白无瑕。此外，通过加速肌肤的代谢再生还能让肤色得到改善，避免色斑的形成。

美容功效：能够提升肌肤光泽度，让肌肤恍若新生。

建议：做完护理后，皮肤细胞需要大量的水分完成代谢再生，所以在家护肤需要配合使用具有保湿美容功效的产品。

24K纯金极限逆时脸部提拉术

在原有的金箔导入理论基础上，采用24K金离子提升仪，透过音律式的生物电流，刺激皮肤和皮下不同层次，如胶原和肌肉等部位，使电流能深入地穿透表皮层直达真皮层，效果更显著，持续时间也更长久。

美容功效：黄金抗氧化的特性能中和皮肤表面的游离基，能活化细胞、提升轮廓。配合高浓缩的抗老化精华成分，使皮肤吸收更彻底，细胞活力也会在短期内得以焕发，挽救衰老肌肤。

建议：由于当皮肤被拉紧后，细胞在重新活化运动时，油脂分泌量会相对减少，术后脸部皮肤不同程度地会感觉干燥，所以加强基础保湿护理十分必要。另外，户外活动一定要做好防晒功课，以避免细胞受到紫外线侵害而渐渐失去活力。

磁学抗衰老器

磁学CTU仪器能将磁力强度分层导入不同厚度的皮肤层(1~7mm)，把养分精确地导入到需要的皮肤层中，甚至是更深入的骨骼和皮肤细胞中，引导积存过多的淋巴液畅通地疏导，同时不损伤淋巴系统，令细胞恢复年轻状态。近几年，磁学抗衰成为纯天然、安全的尖端美容技术，在活化细胞、抗衰老领域有着重要位置。

美容功效：日本众多女星纷纷将磁学CTU列为美容新手段的必试之选。CTU被认为是目前大热的磁学抗老科技，养分因为能够被更精确和深层地导入，在疗效上会比传统的护肤方式更显著，皮肤细胞也会在磁疗过程中获得新生。

建议：磁力是至今认为较安全的美容手段之一，由于CTU疗程属于非热能和非侵入性疗程，所以在接受CTU后只要保持日常的护理习惯即可。

激光深层除皱系统

利用青春镭射光和远红外面膜，能在肌肤表面形成一层透气型液体绷带，服帖清润，缓慢持续地供给皮肤养分，使肌肤复原得更加完美。不需要开刀，也没有创伤，适用于那些不愿意让别人知道自己接受了美容祛皱治疗的人。

美容功效：对额、眼角、眉间、颈、手等部位皱纹的祛除都很有效。

建议：这种除皱方式效果十分明显，但它会使皮肤表层变薄。因此，进行这种除皱美容后，需要十分注意皮肤的防晒工作。

液晶丝柔光子仪

这是一种新的无感、无痛、安全的疗肤美容技术。通过有规律地发出不同色光波，穿透至真皮层，刺激细胞，让皮肤细胞自然修复。

美容功效：提升骨胶原增生，有效修复衰老肌肤、减少皱纹、淡化色斑、紧致毛孔、平滑妊娠纹、舒缓微血管扩张及治疗严重暗疮，可谓多效的护肤疗程。

建议：虽然科技含量高，但它的护肤过程非常简单，不会伤害皮肤，也不需要康复时间。可以同时进行其他的美容疗程，以加强整体效果。

纳米碳粉缩毛孔

在治疗时，美肤专家要先在皮肤上涂上一层细微的碳粉微粒，待 15~20 分钟左右，让碳粉渗入毛孔，再用镭射探头在脸上进行“扫描”，将碳粉粒子爆破，同时震碎表皮的污垢及角质，并产生一定的热能，达到促进胶原蛋白新生、缩小毛孔的效果。

美容功效：缩小粗大毛孔、细致皮肤。

建议：虽说副作用较小，但是热量对皮肤仍有些许伤害。因此，在做这类皮肤美容前，应咨询皮肤专家你的皮肤是否能使用这种美容手段。

回春注氧仪令时光倒流

缺乏充足的氧气供应，皮肤的血液循环就会减缓，皮肤毒素也得不到顺畅的排泄，尤其是那些长期在写字楼工作和不爱运动的女性，肌肤一直处于亚健康状态，这个护肤疗程就是通过温和去死皮、高压注氧、高效喷氧、香薰吸氧，直接将纯正的氧气及营养精华注入皮肤基底层，可以加速新生细胞的健康成长。

美容功效：祛皱、美白、嫩肤、提升面部轮廓。

建议:活肤注氧能营造一种充溢于山泉林间的清新氛围,让你的身心彻底放松,它安全无刺激性,连孕妇都可安然享受。

微电流刺激肌肤

它的原理是通过微电流激活皮下的母胶原细胞增生,让皮肤变得丰盈。在现代科技的帮助下,让肌肤在最短时间内变得完美。

美容功效:针对鼻唇沟、下垂的眼角、坍陷的眼眶,可以达到类似注射的填充效果,令肌肤变得丰盈而饱满。

建议:推荐35岁以上的人尝试,光敏感的人要谨慎选择,做完护理需要忌辛辣,防晒工作更是马虎不得。

高科技美容有利亦有弊

高科技的力量渗透到生活中的方方面面,现在许多美容医院和美容机构都提出了高科技的美容方法。可是,要采用这些高科技的美容方法,你先要认清这些美容方法的弊害是否是你能够承担的。

面部除皱

综观目前的除皱招数,从内服的到涂抹的、注射的、手术的,无所不有。有一些美容机构在宣传上大做文章,更有的标榜"立即见效"、"永久除皱"。

专家观点:面部除皱方法多种多样,其中最有效的是拉皮手术。其他除皱方法,如填充式注射、肉毒素注射、荷尔蒙抗衰老法、皮膜种植,也都有着不错的效果。但无论何种除皱方法,都有一定的"保质期",最短的除皱效果只能维持几个月,最长的也只有五六年。

弊害曝光:要想一次除皱终身受益,目前还没有方法可以做到。

光子美容

作为目前最先进的高科技美容项目之一,光子美容正进行得如火如荼。

专家观点:光子美容是一种利用激光原理对皮肤进行综合改善的医疗手

段，属于一种物理性治疗，也可以解决一些皮肤疾病，但绝对没有神奇的魔力。

弊害曝光：光子美容由于仪器设备参数因素、操作因素以及个体差异因素，受术者还可能产生局部灼伤以及色素沉着等问题。

快速祛斑

色斑困扰着无数面部有瑕疵的女性，一些化妆品和美容机构的“快速祛斑”，因此格外具有诱惑力。

专家观点：不少的祛斑产品在极短的时间内使皮肤迅速变白、变嫩，但一旦停用，皮肤会立即变得更黑，色素反弹，皱纹加深。这是因为这类祛斑产品往往添加了超标的铅、汞、高浓度的果酸等，这些都是国家卫生法规明确禁用的对人体皮肤、神经系统有毒害的物质。

弊害曝光：由于铅、汞等重金属离子能作用于黑色素生成过程中的酪氨酸酶，使其失活，从而阻止了色斑的形成，减少黑色素，皮肤就变白了。但这一作用只是暂时的，最终造成的后果则是让酪氨酸酶无限制地催化黑色素的生成，形成恶性循环，使皮肤更黑，色素反弹，甚至出现重金属中毒斑。

SPA 美容

SPA 是时下最时尚的美容方式之一。诸如 SPA 瘦身、SPA 除皱、SPA 隆胸，等等，有关 SPA 的美容项目越来越多。

专家观点：SPA 是水疗，是通过矿泉水中的微量元素来达到治疗某些疾病的方法。然而，对于什么是 SPA，怎么做 SPA，SPA 有何美容功效等问题却没有几家美容机构能说清楚。目前我国对 SPA 没有严格的规定，行业缺乏规范，SPA 概念被滥用。有些美容机构为了吸引顾客，把一些原本和 SPA 没有任何关系的项目都牵强地联系在一起，费用也相应地提高了。

弊害曝光：作为水疗，SPA 固然有一定的作用，但其作用相当有限，消费者对其不能太迷信。

一次性去眼袋

眼袋虽然是下眼睑组织臃肿膨隆或松弛后形成的常见生理现象，但因为眼袋的存在常常与衰老、疲惫等相关联，所以去除眼袋成了众多爱美者的迫切需求。一些美容机构宣称的“一次性无痕去眼袋”的谎言就是在这样的大背景下出笼的。

专家观点：眼袋分为真性和假性两种，假性眼袋也叫可逆性眼袋，就是类似黑眼圈的那种眼袋。假性眼袋是可以改善和恢复的，而真性眼袋一旦形成，利用化妆品或是美容机构的一些护理，是根本去除不了的，唯一的办法就是实施眼袋切除手术。

弊害曝光：做眼袋切除手术时，要找正规的整形医疗机构，以免发生下眼睑外翻、眼睛无法闭合等情况。

瘦脸

小脸美人的风行使“瘦脸”成为时尚，目前到各医疗美容机构咨询“瘦脸”的女性已越来越多，但大多数女性对“瘦脸”的认识还很片面，其实“瘦脸”也需“对症下药”。

专家观点：脸部过于宽大或脂肪堆积的因素有很多，如遗传因素、饮食结构、药物因素以及不良的睡眠姿势，等等。而胖脸的解决方案，也因造成个人面部肥厚宽大的不同原因，需要各有侧重。娃娃脸适用软组织瘦脸术，脸部宽大者则需截骨瘦脸术。

弊害曝光：美应以和谐为美，故“瘦脸”应特别注意体形的对称性及瘦的尺度，应避免“瘦脸”过度的尴尬情况出现。

快速减肥

肥胖的人总是求瘦心切。于是，一些美容机构针对顾客的这种心理，宣称可以快速减肥，类似“奇效一日瘦身”、“3 日减 10 斤”、“24 小时见效，创造减肥奇迹”这样的广告词随处可见。

专家观点：目前市场上常见的快速减肥有些是通过破坏人体的水分平衡达到的，许多减肥者在减肥后不久便很快出现反弹现象。这是因为在减肥期间体重虽有明显下降，但减掉的只是水分而不是脂肪，治疗期限一过，随着减肥者体内水分平衡的恢复，人体内水分含量得到正常的补充，体重亦随之增加。

弊害曝光：这种通过减少肥胖者体内的正常水分含量来减轻体重的减肥方法，在业界被称为“脱水减肥”或称“假瘦减肥”，根本达不到减肥的预期效果。

揭露高科技美容3大骗术

随着人民生活水平的提高，很多人对美容越来越关注。但随之而出现的各种打着“高科技”幌子等虚假现象，充斥于美容市场，让普通消费者难以识别。

骗术一：简单材料说成高分子

一些标称高分子仿真双眼皮成形术、激光双眼皮成形术，实际就是普通的埋线法双重睑成形术。某些不良的美容机构在使用的缝合线材上标以高分子材料，于是价格也随之大涨。

骗术二：不开刀去脂肪是噱头

标称激光去眼袋术不开刀、激光可以去除多余的脂肪、术后不留切口，等等，实际上该手术就是下睑结膜切口（俗称内切口）去眼袋术。目前国内还没有哪一种激光机，能够无切口将脂肪整块取出，达到去除眼袋的目的。

骗术三：以生理盐水代替脂肪

即所谓的自体脂肪隆胸术。目前国内外整形界的主流观点认为，注射进入乳房内的自体脂肪量，一般一次每侧不宜超过50ml，而丰乳受术者在多数情况下，需要增加180~240ml，但过多的注射容易导致乳房硬化或感染。

一些美容机构，采取以少量脂肪加入生理盐水，混合注入隆胸者乳房内，哄骗消费者求得一时的满足，殊不知，随着生理盐水被人体吸收，被充注的乳房体积将迅速缩小、塌陷。

高科技美容，这 4 类人千万别做

在越来越多的求美者希望通过整形美容提升美的今天，哪些人适合做并获得满意效果，又有哪些人不适合做，让我们来看看整形美容专家接触过的真实故事，以及他们的权威指导和建议。

年龄不到 18 岁的人

在日常门诊中，有很多家长陪着孩子来做整形。但对于不满 18 岁的孩子，要动骨头或植入材料的整形手术不能做，如削下颌骨、磨颧骨、隆鼻、隆胸等。因为年龄小，骨头发育不成熟，现在损伤了骨架，会影响正常生长。另外，未成年人对美的认识还不成熟，过早整形对他们的身心发展非常不利。

身体健康状况不佳的人

做整形美容手术的一个基本前提就是健康状况良好，因为手术有风险、有创伤，如果血糖控制不佳，甲亢或甲低，患有内分泌疾病或心肺功能不佳的人，手术风险会大大增加，甚至会威胁生命。血压、血糖控制正常后，才能考虑进行整形美容手术。

整形目的不明确的人

“大夫，您看看我该做哪儿？”这是整形医生经常听到的一句话，也是最让医生头疼的一句话。现在很多时尚的女孩把整形美容看成是一种时尚，但问及到底对自己哪里不满意，想做什么手术，她们却给不出一个明确的答案。这样的人如果做了手术，不但很难达到心理预期效果，而且很容易后悔。

在决定做整形美容手术前，必须先明确自己到底想做哪里，然后与医生讨论期望整成的样子，医生经过检查和评估，会告诉你手术可能达到的效果。除了自身条件之外，手术医生的经验、耐心、审美取向和与求美者的充分交流，是手术取得成功的关键。

短期内做过同样手术的人

短期内做过整形美容手术，半年内不宜再做第二次同样的手术。因为，手术留下的创伤需要几个月才能得到良好的恢复，而且大多数整形手术半年后可以达到最理想的效果。如果再做修复，不但会增加手术风险，效果也很不好把握。

整形美容之风早已兴起，相信会越来越受到爱美的人重视，但是做之前要看看自己是否适合。

要美丽也要提高警惕

据有关资料显示，近 10 年来，全国发生的各类美容毁容案件高达 20 多万起，这是一个触目惊心的数字。

那么，造成极高毁容案发生的主要原因是什么呢？

一是伪劣化妆品。

使用优质的化妆品和药霜，进行专业、定期的皮肤护理，可去除皮肤老化的角质，并给予皮肤一定的营养和水分补充，从而展现出皮肤的光泽，减少皱纹，淡化色斑。可许多美容机构为了高额的利润，不顾消费者的身心健康，竟使用劣质的化妆品和药霜。

另一个原因是不科学的医学美容。

按照国家规定，专业的美容项目，如隆胸、隆鼻等，应由有医生资格的专业美容师来完成，而现在不少美容机构的美容师，只是经过简单培训就上岗操作，这是非常危险的。

同时，美容场所要看好再进并注意以下几点：

1.在美容机构使用化妆品，消费者首先要打听清楚

美容师推荐的某种化妆护肤品，也许在短暂护理后效果还真不错，但你也要留心，这种化妆品是否有许可证、是否有生产日期和保质期；要少使用或不使用美容机构自己配制的化妆品。据有关部门介绍，现在有些化妆品中汞含量超标，使用这些化妆品容易引起慢性汞中毒，损伤神经、泌尿、内分泌

等系统，甚至患者可能出现精神异常。

2.要注意美容机构是否卫生

美容机构天天都要使用毛巾一类的护理用品，作为消费者要注意，这些护理工具是否进行过消毒处理，特别是对一些把毛巾等护理品晾晒在大马路边上的美容机构，要避而远之，试想，那些在车辆来回行驶造成的废气和尘土中晾晒的护理品，能保养好皮肤吗？

3.做医学美容要先看美容师有无资格

国家对美容从业人员有明确的要求，实施医疗美容业务的主诊医师必须有执业医师资格，经执业医师注册机关注册，并且有从事相关临床学科的工作经历。

Part 12. 年轻，也可以“妆”出来

当肌肤不再吹弹可破，当眼睛渐渐失去光彩，正确的化妆术能令你获得年轻十岁的自信。

这些化妆技巧让你年轻十岁

完美底妆

完美底妆的关键在于光泽。有光泽的脸颊象征着青春、滋润和幸福。化妆前充分滋润面部，令肌肤饱满，富有弹性。

使用化妆棉涂抹比粉底亮一个色度的遮瑕膏，遮盖熟女肌肤存在多皱、粗糙或黯淡的问题。如眼袋或黑眼圈不太明显，直接涂抹遮瑕度较高的粉底也可以。

为使肌肤快速达到晶莹剔透、有光泽，在完成涂抹粉底后，我们可将液体遮瑕霜和护肤乳液以 1:3 的比例调合，再以化妆棉施于眼睛下面和鼻子周围。这种神奇的混合乳液会让肌肤看起来比较完美。

多层次多颜色的散粉比粉饼更适合熟女，它能从视觉上达到调和肌肤颜色，掩饰瑕疵，提高光泽的效果。先用手把皱纹轻力展开，使皮肤平滑后再扫上散粉定妆。

秘籍：想令肤质看起来更健康自然，粉妆后，用化妆棉浸化妆水，挤掉多余的水分，轻轻拍打脸部一遍，你的脸庞将会富有光泽！

完美腮红

不管什么质地，具有闪光微粒的腮红能令熟女看上去容光焕发。从嘴角笑纹处到耳朵打宽的效果是不宜采取的方法，因为这样会有年龄感。

最简单的方法是：微笑，在突出的颧骨上面打圈匀开腮红。

至于腮红的用量,浅和自然是关键。

光泽感是看起来年轻的关键,在下眼睑到颧骨的范围内使用珍珠粉提亮,可以让人看起来年轻很多。

从鼻翼最下端到颧骨最高点之间的区域是打腮红的正确位置,圆形腮红可以打造出年轻活泼有朝气的气质,过于倾斜的深色腮红除了能够起到拉长面部轮廓的作用,还可以让人老上五岁。

完美眼妆

没有比找回自然眉形更适合熟女的了。描眉的要领在于按照真眉一根一根地画,浓淡、粗细必须和原来的眉毛吻合。而灰色或褐色更能衬托眼睛的神采。

眼线一定要轻画,尾部向上微勾,这样会令眼部更精神。

扔掉那些让你看上去老气横秋的过时眼影!大胆选用蓝色、淡棕色甚至粉红色系。下眼睑边扫上颜色比眼影淡一点或深一点的眼影,可使双眼有青春梦幻之美。

希望眼睛看起来更大更有神吗?使用睫毛膏时一定要从根部往外涂,并轻轻摆动刷头来让睫毛根根分明而不黏结在一起。

过长的眉梢容易让人看起来没有精神,所以即使最近流行非常柔和的平眉也不要尝试眉梢过低的眉形。

20岁之前,我们的上眼线部位会有细细的一条亮线,只要在这里重新营造出亮泽的效果,整张脸立刻年轻起来,尽管这个变化很难看到,但整体效果却十分显著。

完美唇色

色彩自然、饱满的缎质唇妆令人想起少女的歌声。上妆前先用优质润唇膏养护嘴唇。

一般来说,唇彩比唇膏更适合熟女。水润唇彩能让双唇更灵动,淡色唇彩更易呈现出明亮的年轻感。

唇色过深让人显得很刻薄,在上唇彩之前可以蜜粉打底,涂后,用透明唇彩在唇部中央提亮。

水润、弹性和光泽都是年轻的嘴唇给人的印象，因此使用具有光泽感的唇膏或者在高光部位用唇彩处理都可以带来年轻的效果。

拥有望穿秋水的年轻双眸

眼部化妆的重点在于各种色彩的组合。如果我们能掌握好化妆美目的诀窍，那么拥有一双望穿秋水的明眸便不再只是梦想。

1.用暗灰色画出细细的眼边

用暗灰色涂眼睛的全部边际，靠近外眼部要涂得浓些，到眉端要淡，分出浓淡层，要用细笔描清晰，然后用金黄奶油色扫涂整个眼窝，更衬托了眼睑的明亮。

2.用桔红色画双层眼线增大眼睛

用砖红色涂整个眼睑，要分出层次。在眼睑与眉毛交接处的下陷部用桔红色描双层线，这样有增大眼睛的效果，但是，单眼皮、肿眼皮的人不适合画双层线。

3.用白色涂眼睛边际创造眼部新妆容

眼睛边际涂黑色这已成为眼部化妆的准则。用明亮的白色涂眼睛边际确实是惊人之举，这可使眼睛更亮晶晶、水汪汪的。把眼睛边际描成白线，在眉毛下边涂粉红色眼睑膏。

4. 眼黯用奶油色，用茶色画双层线

对于眼窝凸凹不明显的东方人画浓色的双层线会显得不太自然，如果画得效果非常显著成功，这需要高超的技巧。整个眼窝都涂奶油色眼睑膏，靠近外眼角要涂得浓淡有层次，眼睛的边际要用深奶油色。

5. 使用相反的颜色获得新颖高贵感

整个眼窝涂茶色，眉毛下面涂淡粉红色，从内眼角到外眼角从淡到浓分出层次。眼睑用与粉红色正相反的绿色，绿色和粉红色以5:5的比例配合达到最好的均衡。奇妙的颜色组合能获得意想不到的新颖、高贵感。但是，单眼皮的人不适合这种化妆法。

6. 用砖红色的自然化妆

充分使用接近于褐色的砖红色进行化妆会给人自然的印象。用砖红色把眼睛的边际涂成线状，因为太细的边际线让人感觉是漂浮在眼睑上，所以边际线要画粗一些。在眼睑中央涂桔红色，再描出细细的眼线，给人优美、自然的印象。

7. 两色组合使眼睛有立体感

在东方人中眼睑凹陷是少数，但很受肿眼睑的人羡慕。要化妆得使眼睑有凹陷效果，就要在眼睑上涂两种颜色。用粉红色涂整个眼窝，用白色涂眼窝和眉毛的连接部位。这样化妆，眼睑显得凹陷并极自然、柔和。

8. 画茶色眉毛突出无可挑剔的印象

靠近眼窝的眼睛边际使用茶色眼睑膏，从眼窝的其余部分到眉毛涂奶油色，再用茶色画眉。眼睑可以和眉毛用相同颜色或用相同系列的颜色，也可以使用紫色的眼睑膏。

9. 华丽的晚间化妆

用暗灰色涂整个眼窝，眼睛的边际要涂得浓，向眼窝的凹处逐渐淡下来。然后用金黄奶油色，把外眼角的眉毛下面到眼窝的凹处这块比较显眼的部位涂成半圆形。这样化妆在灯光下更显得光彩夺目，是非常适合晚间的化妆。

10. 涂深绿色睫毛膏是讨人喜爱的

整个眼窝用淡粉红色薄薄地涂扫,用素雅的茶色像描眼线一样细细地画眼睛的边际,涂深绿色的睫毛膏,让人爱怜,是颜色完美统一的化妆。

11. 两色组合化出神秘女性的形象

用藏青色涂整个眼窝,向靠近外眼角方向逐渐加浓。然后用灰白色扫涂眉毛下面的整个部位,再在下眼睑靠近外眼角 1/3 的边际重叠涂藏青色。这样可使整个眼部化妆匀称,给人神秘的感受。要特别注意眼睑膏的量,涂描得过多反而不美。

不同年龄需要不同的化妆技巧

20 岁左右的化妆技巧

有痘痘问题的人其实不建议你上妆,不然容易受到化妆品的刺激而发炎。有痘痘问题的人在选购遮瑕品时更要特别注意，要挑选针对痘痘肌肤使用的遮瑕膏,甚至专用的底妆品,通常这种底妆品中会添加保养成分,上妆同时缓解痘痘的症状。另外,痘痘与毛孔要遮得自然才算是高手,不然遮完还是被发现,那不就不如别遮了。

20 岁左右的眼妆画法上不必太过复杂，以最能表现出自己自然年轻的一面就足够了,不须使用过多与过繁复的色彩来妆点,使用太多色彩,很容易一不小心画得太过老气,这样就太可惜了,在眼影部分挑选容易上手的眼彩蜜来使用,再利用睫毛膏刷出俏丽睫毛,就能看起来很迷人。

30 岁左右的化妆技巧

30 岁左右的人肌肤易出现不匀色块与小瑕疵，所以一定要先做修饰与调色,才能让妆容更有亮透的感觉,如此后续使用的颊彩或眼彩,才会显现出饱满透亮感。另外眼睛下方的暗沉,也要在打底前先作处理。

这阶段的女性当然已经学会如何使用眼彩盘来上妆,眼彩盘看似复杂,但却是一个具有多种效能的彩妆法宝，可以单擦也能混搭，正值熟女阶段的女性，一定要懂得使用眼彩盘，别再对眼彩盘与眼线产生恐惧，要灵活地运用它。

40岁左右的化妆技巧

成熟型的肌肤可能遇有肤色不均匀、长细纹、表情纹甚至皱纹等情况，以上问题均可以用遮瑕膏来解决。

还有，40岁的肌肤会变得较为干燥，宜用滋润性较高的粉条或霜状粉底，会使肌肤看起来更润滑。

40岁左右的眼妆画法如下

1.先全面均匀地涂上调色底霜。

2.于眼肚位置涂上遮盖眼部细纹的底霜。

3.再于眼肚位置涂上具珍珠色泽的遮瑕膏。

4.于眼肚位置薄薄扫上一层碎粉。

50岁以后的化妆技巧

50岁以后的女性化妆，应恰如其分，不失仪态，应注意以下一些问题：

粉底不宜选用比自己肤色过深或过浅的颜色。眼影不可使用闪光粉彩和油质的，因其会使眼部无神，给人以浮肿的感觉。涂口红时不要画唇线，口红颜色应柔和，最好使用润唇膏。眉毛可根据脸形来设计，并加以轻描修饰。

Part 13. 护养你的秀发，让美丽从头开始

愈美丽的女人，愈在意自己；而愈在意自己的人，就愈关心自己的头发。的确，美丽应该从“头”开始，呵护秀发与头皮，就像呵护肌肤一样重要。

选用适合自己的美发品

想要让你的三千烦恼丝变得又黑又亮吗？你需要的不是奇迹，而是使用正确的头发保养方式，只要你按部就班地进行，创造完美质感的亮丽发丝便指日可待。

首先，在洗发水的选择上，许多人会认为依照自己的发质来选择洗发水即可，但这其实是错误的观念，因为洗发水会直接接触到头皮，而头皮是脸部肌肤的延伸，与毛发的组织、结构全然不同，因此头皮与发丝应该分开来保养。

头皮就像肌肤一样，既可显示内在的健康情况，又能抵抗外在的侵害，因此拥有健康的头皮，是创造完美秀发的基础。许多头发不健康者，往往都是头皮出了问题。处在健康、平衡状况下的头皮，才能抵抗细菌、排除毒素，以及适应温度变化而自我调节。

像是头皮屑患者，便是头皮受到皮屑牙苞菌的感染，使头皮加快脱皮速度，而导致产生头皮屑。因此，大家应该针对自己的头皮而非头发性质，来选择适合自己的洗发水；而发丝保养的部分，则应交给润丝与护发产品。

目前，坊间的洗发水大概可简单区分为干性、中性及油性等，大家可以先判断自己的头皮是属于哪一类再来选择。

而判断自己的头皮属性其实很简单，如果你的头皮没有异常病症的话，通常与脸部肌肤的类型不会差距太大。

下面，我们依照洗发的目的把洗发水分门别类，让你轻松找到最适合的洗发水。

1. 头皮因为不适应换季的温差和气候，因此出现敏感的情况。头皮上的皮屑芽胞菌变多了，讨厌的头皮屑就会出现，选择洗发水的时候要注意是否有"ZPT"、"SULFER"等成分标示，这些成分才能有效抗屑。

2. 敏感性头皮常会因为水温或季节交替等因素，发生头皮红肿、发痒、紧绷等症状，专家建议避免使用含有防腐剂成分的洗发品，选用成分天然、以草本植物萃取的洗发品，不仅可以彻底清洁，更能镇定舒缓过敏的不舒服感受。

3. 头发受损者又该如何修复秀发呢？在洗发水的选择上，还是应该依照头皮的属性来决定，如果想要加强发丝护理，可以选择比较滋润的润丝产品或护发产品。

而市面上所推出的"受损发质专用洗发水"与"2 合 1 双效洗发水"，其实这一类的产品效用并不见得较好，因为这一类的洗发水是针对发丝设计，但其中的润丝成分会直接接触头皮，如果是油性头皮者，可能会加重头皮的负担而使出油状况更为严重，因此大家在购买时最好三思。

如何健康科学地洗头

1.洗头前，先用梳子将头发梳开，一边用梳子按摩头皮，一边用清水先将头发冲洗一遍，这样可使头发上的灰尘、脏污及头皮屑略微减少，如此在洗头时，

便可减少洗发水的用量，以降低对头皮的刺激。

2.头发要分两次洗，先洗头皮，接着再洗发丝。

先将适量洗发水倒在手上，加水轻轻搓揉至起泡，再涂抹于头部清洗，然后冲洗干净。如此重复两次，便可彻底清洁头皮与发丝，切记千万不要直接将洗发水倒在头上搓洗，如此容易造成头皮局部的洗发水浓度过高，长久下来，可能会导致异常脱发。

如果你是油性发质的话，就要用两种不同的洗发水洗，先用专门洗头皮的产品轻轻地洗，再用一些含牛奶成分、氨基酸成分的产品洗一次发丝。洗发丝时可以将头发撩到一边，轻轻地揉，并且用手指抓顺抓开。

3.洗头发时应以画圆圈的方式洗，用指腹按摩头皮，可促进血液循环，每一寸头皮都要被洗发水的泡沫覆盖，并且用指腹搓过每一寸头皮，这样头皮才会洗得干净。切记千万不要用指甲搔抓头皮，这样的动作容易使头皮受伤。而油性头皮者应着重清洗发根，干性头皮者则不宜清洗太久，以免让洗发水与头皮接触的时间过长。

4.将洗发水彻底冲洗干净。如果冲洗不干净，洗发水残留将会造成头皮过敏，不过，别误以为热水的溶解力高而用高温的水来冲洗头发，热水可是伤害头皮的杀手，高温会使头皮水分流失而变得干燥，所以，如果你担心冲洗不干净，可用温水或冷水多冲洗几次即可。

5.头皮屑患者可使用药性洗发水，但洗头方式则略微不同。第一次洗头后先将头发冲洗干净，第二次洗头时则不要马上冲洗，让洗发水的泡沫停留 5~10 分钟，以使药性发挥作用。

6.不要弯着腰洗头或倒着洗头，因为倒着洗头必须抬头看，很容易长出抬头纹。

最后提醒大家，维持头发健康的方法，除了注重清洁、不染不烫之外，在日常生活中注重细节也非常重要。

头发滋养护理的几个要点

想要保护好头发，我们就应该注意给头发补充营养，并避免外界对头发的损害。选用不含酒精的定型产品、尽量不要吹头、洗头时用冷水冲洗发梢、已经损坏的头发最好剪掉，这些都是头发养护的要点。

保湿很重要

头发和皮肤一样，保湿是最基本也是最重要的步骤。保湿工作做不好，给头发再多的营养都不会吸收，分叉、枯黄、毛躁的问题也会随之而来。建议常用能深层保湿的洗发水。

一定要用护发素

除了给头发充足的水分，还要给它足够的养分，以减少日常头发所受的损害。每次都使用护发素很重要。护发和洗发最好用同一个系列的产品。

尽可能控制染烫头发的次数

除了日晒和粉尘，对头发伤害最大的就是染和烫。所以我们应该尽可能控制染烫头发的次数，最快半年一次，因为即使再好的染烫产品，对头发的损害都是很大的。

用专业的染烫产品

除了去专业发廊，如果想自己染烫头发也一样要使用好的染烫产品，不要图便宜而用不好的药水。这样能把对头发的损害降到最低。

染烫后的补救很重要

即使是再好的药水，也会对头发造成损伤，这就需要在染烫后做好补救工作。除了多用护发素，还可以使用橄榄油以及营养水来给头发补充营养。涂抹头发营养品时发梢一定要多涂点，避开头皮。

别让头屑出卖你

头部皮肤细胞脱落就形成了头皮屑。正常人也有少量头皮屑，但在正常频度洗发的情况下不易发现。

秋冬季节气候干燥、空气湿度低、皮脂分泌减少，皮肤失去滋润保护，这会刺激头皮屑的产生，或使症状变得更加严重。

头皮屑表现多种多样

头皮屑的表现多种多样，油性皮肤的人头皮油腻发亮，常覆有黄色油腻鳞屑，头发甚至会黏在一起。

干性皮肤的人则会出现弥漫性、灰白色略带油腻的头屑，常伴瘙痒。用手挠抓时，头皮屑就会像雪花一样落下。

头皮屑是一种炎症

头皮屑是一种亚临床炎症性头皮疾病。正常的角质层细胞之间存在着黏附物质，一旦头皮出现炎症，会使细胞之间的黏附不再紧密，形成头皮屑。

有头屑要积极治疗

头皮屑和脂溢性皮炎是同一疾病的两个阶段。

脂溢性皮炎的表现：

1.头皮屑增多伴有瘙痒。

2.头皮上出现较多灰白色糠秕样和油腻性鳞屑。

3.伴有轻度红斑或红色毛囊性丘疹。

4.渗出、结痂。

5.头皮各处均覆盖油腻性厚痂，同时伴有瘙痒和脱发。

如果你有了上述的症状，那就表明你的头皮已经不是简单的头皮屑症状，也不是买一两瓶去屑洗发水就能解决问题。你现在需要的是，及时到正规医院皮肤科就诊。

正确的洗发方式能有效减少头皮屑的产生

怎样洗发才能不长头皮屑呢？要从以下几个方面注意：

1.洗头频率应适度：不宜过勤或过疏，可以根据季节、气候和自己的肤质来定。

2.干性皮肤一般3天左右洗一次较好，油性皮肤1~2天洗一次为宜；夏天可以洗得勤一些，冬季可适当延长间隔。

3.正确选择洗头香波：根据自己的发质选用香波。目前一般香波都有一定的防头皮屑作用，如果头皮屑较多，可用含1%的酮康唑香波或含有硫化硒的香波。

4.洗头前准备：洗头前应彻底梳理头发，祛除附着于头皮表面的死皮和污垢。

5.水温适度：水温不能太高，以40℃为宜，避免水温过高刺激头皮屑的产生。

6.洗头时间:洗发剂揉出泡沫后应在头发上停留5分钟左右，不要马上冲掉，亦不能停留太长时间，避免洗发剂对头部皮肤的刺激。

7.冲洗干净：使用洗发、护发产品后一定要冲洗干净。

8.吹风机用低速：使用吹风机时，尽量调到低速风，不停移动吹风机，头发吹至半干即可。

洗发水的秘密

尽量在两个星期内结束使用药用洗发水，因为正规的药用洗发水两个星期就应该见效果了。

一般来说，药用洗发水洗后比较干涩，有一点药味。你可以用护发素来滋润头发，同时它也可以令头发的味道自然些。

始终用一个牌子的洗发水好吗？

一般洗发水和药用洗发水一样，最好是经常更换牌子，尤其是药用洗发水，用完一瓶就换另一种成分的抗屑洗发水吧，这样治疗效果会更好。

天天洗头，发质会受损害吗？

油性发质的人可以天天洗头。一般中性发质2~3天洗一次头便可。在冬天，头发油脂分泌较少，所以3~4天洗一次头就可以了。

干涩的头发怎么办

干涩的头发一定会令你懊恼不已。工作一天下来，发现头发变得蓬乱松散，发梢分叉也越来越严重了。如何才能拥有一头水盈盈的长发呢?

要选用含保湿精油等高效水性油分的洗发水，让滋润直至发芯。

清晨起床和晚上睡觉前，是护发的绝佳时机，滋润型的护发素，能让水分充分渗透，有效解决头发的干涩问题。

外出出差或是旅游时也不要忘记护发，不要随便选用劣质的洗发水，以免对头发造成伤害。

脱发的真相

头发脱落是每个人都会遇到的问题，尤其在季节交替之际，原本不怎么脱发的人也会有这样的困扰。到底什么样的状况才算作脱发?脱发发生了还能挽回吗? 到底是有人小题大做、过分担忧了，还是根本就没有认清脱发的真相?

1.什么类型的脱发可以治愈?

只要不是遗传性的脱发，凡是因为外因引起的脱发都是可以治疗的。找到影响脱发的外因，再根据脱发的情况选择防脱发方案，调整头皮健康就可以了。

2.遗传性脱发可以重新长出头发吗?

不能。遗传性脱发是头皮毛囊萎缩、死亡了，如同无源之水、无本之木，不可能再长出头发，那些号称可以生发的产品没有任何用处，除了利用手术植发外，别无他法。

3.防脱发的方案男女有别吗?

虽然造成男女脱发的原因不同，但防脱发的方案并没有多大的差别，只是男性脱发的现象比女性严重，所需要的治疗时间较长，而女性则只须在治疗的过程中注意舒解心情就可以了。

4.出现脱发迹象了怎么办?

首先判断自己是轻度脱发还是中度脱发,暂时性的、阶段性的,发质变脆弱属于轻度脱发;有长时间的、集中脱发的现象就是中度脱发了,如果是非常严重的脱发就要去看医生了。

如果你现在正处在轻度脱发状态,不要担心,自己动手制作养护秀发的小配方,效果不错哟。

1.桑白皮洗发

用水把桑白皮浸煮五六分钟,去渣,用水洗发,这可以预防和防止脱发,适用于脱发刚开始的时候。《千金要方》称其"频洗沐、自不落也"!

2.啤酒外搽法

啤酒涂搽头发,不仅可以保护头发,而且还能促进头发的生长。在使用时,先将头发洗净、擦干,再将整瓶啤酒的 1/8,均匀地搽在头发上,做一些手部按摩使啤酒渗透头发根部。15 分钟后用清水洗净头发, 用木梳或牛角梳梳顺头发。啤酒中有效的营养成分对防止头发干枯脱落有很好的治疗效果,还可以使头发顺滑光亮。

3.生姜治落发

将生姜切成片,在斑秃的地方反复擦拭,每天坚持 2~3 次,可刺激毛发生长。

4.蜜蛋油可改善头发稀疏

如果你的头发变得稀少,可以用 1 茶匙蜂蜜、1 个生鸡蛋黄、1 茶匙蓖麻油,与两茶匙洗发水、适量葱头汁在一起搅匀,涂抹在头皮上,戴上塑料薄膜做的帽子,不断地用温毛巾热敷帽子上部。一两个小时之后,再用洗发水洗干净头发。坚持一段时间,头发稀疏的情况就会有所改善。

根据脸形打造适合的发型

一款发型的好坏直接关系到一个人的形象问题。而一款发型的设计需要根据脸形来决定。人的脸形大致可以分为 4 种:桃心形、方形、圆形以及椭圆形。

对着镜子仔细看看自己的脸形，找出属于哪种脸形后，再找与自己脸形相配的发形就容易得多了。

桃心形脸

特点：前额较宽、下巴较窄。

为了让桃心型脸的人看起来更自信，建议最好是选用头发两边分的直发，长度要不短于下巴。

刘海要厚实一点，做出圆润感是造型的关键，头顶蓬松会更加完美。

方形脸

特点：额骨与发际线较尖。

有层次感与两边拨的发型能够削弱尖形的突兀，将人们的视线拉到颧骨上，使面部看起来更加柔和。

刘海要打造出厚实感，两侧的头发要蓬松，A 字形线条是变得可爱的关键。

圆形脸

特点：前额与下部的宽度一致、颧骨突出。

圆脸的女性，最好是头发的饱满度达到最低的限度，留一条由中间或是稍稍倾斜一点的发际线，将头发向两边拨，头发要是层次剪法。流动的秀发遮住脸的一边，削弱颧骨的饱满度，使整个脸形看起来更长、更完美。

头发不要过长，两侧头发剪出层次感，注意刘海和整体发型的比例。

椭圆形脸

特点：前额与下部面部长度一致，脸较长。

很幸运，大多数的发型都适合这种脸形。发型专家说："我们为桃心形、方形以及圆形脸形所做的事情，都是为了让它们看起来更像椭圆形。"

Part 14. 别让脖子泄露你的年龄

我们应该知道脖子对一个女人是多么的重要，没有什么会比脖子更易泄露你的年龄。

保养，别忘了颈部

脖子是护肤环节中最容易忽略的部位，但脖子又是“出卖”女人年龄的头号敌人之一。无论你对娇俏的脸蛋如何呵护备至，如果忽略了对颈部的护理，脖子上逐渐加多加深的“年轮”，还是会无意间泄露你的年龄。

现在担心脖子会“出卖”你了吧？先看看你自己是以什么态度对待脖子的，就知道脖子可能会“出卖”你多少了。

1.你涂抹防晒品时是否从来不涂抹颈部？

颈部皮脂腺分泌不足，不易保持肌肤的水分，长期忽略颈部的防晒，令颈部脆弱的肌肤难以抵御紫外线的伤害，会出现颈部肌肤暗沉、长斑，颈纹也会变得明显。

2.你是否在做剧烈运动时，没有对颈部做过任何的保护措施？

颈部的皮下脂肪层比较薄，皮肤比较容易失去张力，任何不当的拉扯动作，诸如跑步等剧烈的运动都可能牵动颈部的肌肉，导致颈纹的产生。

3.你是否非常钟爱项链，而且每天戴着？

戴、摘项链的动作同样会拉扯颈部的肌肉，导致颈部肌肤老化。另外，项链的金属材质有可能引起肌肤过敏，一旦肌肤过敏就可能会长出疹子、留下疤痕，这也会导成颈部肌肤的老化。

4.明明是过敏体质,仍喜欢穿着不透气的高领衣物?

不透气的高领衣物、粗毛围巾等,可能会令容易过敏的颈部出现湿疹、汗疹、发红、发痒等症状,形成色素沉积,导致颈部肤色暗沉。

5.你是否做肌肤日常保养时,常常忽略颈部?

总是在面霜不再适合用在面部的时候,你才会将它们抹于颈部;在紫外线过强的天气,你想到了面部防晒却忽略了颈部的防晒。这种忽冷忽热的态度对你的脖子并无好处。

如果从今天开始,你不再给脸部任何保养,一个月过后,你的脸会是什么样?想想吧,只是一个月的时间,结果已经无法想象,那么,你已经忽略你的颈部多久了呢?

颈部的肌肤甚至比脸上的肌肤更幼嫩,所以一些对面部很有功效的产品不一定适合颈部使用,何况是已经不能用在面部的面霜。而缺乏防晒保护,颈部肤色逐渐晦暗、干燥、缺乏光泽,甚至长斑、皱纹加深。

也许你会认为自己还很年轻,脖子的肌肤还很嫩滑细致,根本不需要特别呵护。就因为这样的不经心,25岁之前,你的脖子也许就会出现一道明显的横纹,它的印记会随着年龄的增长而逐渐加深。渐渐的,颈部肌肤开始松弛、下垂,出现"火鸡脖子",这时候你的脖子已经完全将你"出卖"了。它不仅无法掩饰,想恢复到皱纹出现以前的那种弹性也几乎不可能了。

所以,从现在开始补救你的颈部肌肤吧。

细纹暗沉走开,诱惑美颈回来

颈部从来都是展露女人性感的焦点之一。因此,要呵护它如同呵护脸部肌肤一样,尽量避免出现颈部松弛、颈部细纹、颈部暗沉这3大问题。

1. 颈部松弛

大家都知道眼部肌肤十分娇嫩,殊不知,颈部同样也是敏感娇嫩的"多事

三角区”，颈部肌肤的厚度仅有面部的2/3，胶原细胞含量比较少，因而很容易缺乏弹性，再加上平时长时间的伏案工作或者频繁运动，颈部肌肤的老化和松弛就在所难免了。

保养重点：

当双下巴显现，颈部肌肤松弛难免，你就需要选择一款专业颈霜来护理颈部了。因为颈部皮肤比较娇嫩，过于厚重、油腻的产品，颈部很难吸收，因此颈霜通常质地都比较滋润，成分上多以紧致、滋润、抗老化为主，能加速新陈代谢，塑造颈部线条。一些质地轻薄的面霜成分，如果功效同样以抗皱、紧致为主的话，也可以用于颈部肌肤，但涂抹时一定要用斜向上至耳后的按摩手法，同时手法一定要轻柔。

2. 颈部细纹

颈部皮肤皮脂腺和汗腺的分布数量只有面部的三分之一，油脂分泌较少，保水能力自然比面部要差许多，干燥粗糙和由此导致的细纹也是所要解决的一大问题。而且现代职场女性每天都奔波在阳光下，不断埋头工作，抬头转头，这都是出现颈部细纹的原因。

保养重点：

增加颈部皮肤的含水量自是当务之急，但如果你的颈部已经出现比较深的纹路，也不用太过担心，只要配合适当的按摩，这些初期的纹路还是可以很快去除的。你可以两手交替由下而上地按摩，切忌反向操作，否则非但不能改善肌肤现状，反而会造成皮肤下垂，加速衰老。颈后则采用耳后附近斜向下轻揉，以促进血液循环，防止皱纹提早出现。

3. 颈部暗沉

年轻的女孩也许暂时没有颈纹的烦恼，但颈部和脸部肤色不均的苦恼一定常有。丝巾、围巾、项链，当我们用这些饰物为自我形象增值加分之时，却疏忽了对颈部娇嫩肌肤的照看。它们摩擦颈部，甚至偶尔带来肌肤敏感，这些都可能引发颈部肤色的暗沉。

保养重点：

要想让颈部肌肤变得白皙，去角质工作一定要做好，每周最好进行1~2次，只要选用面部去角质产品就可以了，它的性质比较温和；身体去角质产品用在颈部则要谨慎，因为它的颗粒较大，容易伤害颈部脆弱皮肤，要选用颗粒极细腻的才可以。

每天5分钟，保持颈部肌肤的永远年轻

每日按摩颈部5分钟，可保持劲部肌肤永远年轻。

1. 颈部肌肤的弹性差、肤质薄，按摩时力度要尽量轻柔。先将颈霜均匀涂抹在颈部，双手手指稍稍用力往上提拉颈部中间松弛的肌肉。颈部的皮肤是横向的，按摩时千万不能打横，而要用向上打圈的方法。

2. 将头部向左倾斜，双手指腹从颈部下端往上推揉，直至耳后。按摩时要注意手法，从上往下按摩的方式虽然有加速新陈代谢、利于排水排毒的作用，却可能会使肌肤松弛的状况更加严重，所以不建议使用。

3.头后仰，举起双手大拇指，将下颏处多余的肉往前推至下巴处，再以相同的方法，慢慢向左右耳处移动。重复以上动作3次，每天晚上睡觉前做，对预防颈部细纹，舒缓一天的疲劳及颈椎的健康都很有好处。

保养颈部注意事项

使用专业的颈部保养品

保养颈部使用的保养品最好选择专门为颈部设计的颈霜，因为颈霜通常具有收紧的功能，质地比较滋润，适合长时间按摩，同时也不会对敏感皮肤造成负担。如果实在买不到，建议使用眼霜或者不太油腻的日霜和晚霜，太油腻的产品容易给颈部肌肤造成负担。

别忘了防晒

如果你梳短发，尤其要记得给后颈部涂抹防晒品，因为这部分肌肤经常会直接曝晒在太阳下，容易长斑、产生颈纹，必要时还可以选择一些美白的产品使用。

预防胜于修复

颈部的皱纹通常有两种，一种是初期老化的皱纹，十几岁时便开始出现，这种皱纹通常不明显；另一种情况是受紫外线影响产生的皱纹，随着年龄的增加而加深。因此，颈部护理应该预防为先。

简易美颈操，排毒又瘦脸

很多人会很容易忽略对颈部的保养，其实颈部很容易长出横纹，所以对颈部的按摩是非常重要的。今天就来学学这个简易的美颈操吧!

1. 头歪向一侧，手从下巴处直线向锁骨按摩，力度为中度，来回 10 次，既帮助淋巴循环又能防止颈部产生赘肉。配合按摩霜的话效果更佳。

2. 从耳根下的下颌角开始点按 5~8 下，这个地方很容易由于低头导致双下巴和颈纹，所以一般作为按摩的起始点。

3. 在喉结旁边点按 5~8 下，最后回到锁骨的最外侧点按 5~8 下。这可帮助颈部肌肉放松，有防止颈部形成横向赘肉的作用。如此反复 5~10 分钟。

Part 15. 拥有一双纤纤玉手

手部常被人誉为女人的第二张脸，如果你想让自己的玉手像脸蛋一样容光焕发，那么，日常的保养可是非常关键的。

美丽，从指甲开始

正如"美丽妆容从美丽肌肤开始"一样，炫目的甲妆从美丽的手指开始。手是女人的第二张脸，指甲堪比这张脸上的"明眸"。美甲在最细微处彰显女人的个性，美丽从指尖开始。

指甲外形的修整

生活中常有的甲形包括：方形、方圆形、椭园形、尖形四种，你可以根据自己的手形和喜好修剪出完美的甲形。

1.方形甲

一般来说，方形指甲比较个性化且不易断裂，比较受职业女性的喜欢。

2.方圆形指甲

方圆形的指甲前端和侧面都是直的，棱角的地方成圆弧形轮廓，这种形状会给人以柔和的感觉。对于骨节明显，手指瘦长的人，方圆形可以弥补不

足之处。

3.椭圆形指甲

椭圆形的指甲,从游离缘开始,到指甲前端的轮廓呈椭圆形,属传统的东方甲形。

4.尖形指甲

尖形指甲由于接触面积小,易断裂,而亚洲人的甲形较薄,不适合修成尖形。

指甲油的选择

指甲妆的外衣当然非指甲油莫属,只有选中一款适合自己的色彩,才能让自己的手指更加生辉。

1.肤色偏黄

手部肤色偏黄的人,橘色、棕色系的指甲油,可以让肤色看起来较明亮,粉红色可能会让皮肤看起来暗暗的,可以用白色或者偏白的粉色指甲油,打造清爽的感觉。

2.肤色偏黑

要避免使用绿色、黄色。闪闪发光的金色以及古铜色,甚至于耀眼的大红色,都有相互辉映的效果。半透明的金色或金属色系也推荐给偏黑肌肤的人使用,显得个性十足,甚至有些性感。

3.肤色红嫩

无论是浅浅的粉红、粉桃乃至于浅咖啡色,都能让你的手看起来更纤细修长。

4.肤色白皙

皮肤白皙在颜色的选择上很多元,可以选择自己喜欢的颜色,或做大胆尝试,比如民族风格的湖水蓝指甲油,无论怎么夸张都不过分,而且尽显活力。

和相对固定的肤色不同,你每天穿的衣服颜色千变万化,所以如果你不想买一大堆不同颜色的指甲油来适应服装色彩的"日新月异",可以只买几个主色与手边几个原有的色彩一起倒入空瓶中,充分摇匀后,就可以调制出自己专用的色彩。

几种基本必买的基础色彩包括：

白色，可以增加指甲油的粉彩感，浅化色彩。

黑色，能够加重指甲油的彩度，呈现浊色及深色的色感。

带银粉的珍珠色，增加指甲油的亮度以及在搭配具有光泽感的衣服时使用。

指甲油的涂法

先将手洗净，消毒，用磨砂条修整指甲形状。涂层加钙底油，在指甲表面。先用小毛刷蘸足指甲油，但不能蘸过多，最好在瓶口轻轻拭过，并将毛刷调整平顺。从指甲下端的中部开始往上刷，先涂指甲幅面的中间，从指甲底涂一道指甲油到指甲尖。第二笔和第三笔自甲根两侧向甲尖涂，这样可以避免一般最常发生的厚薄问题，与不必要的修改。将指甲没涂到的地方用长条状涂满，如果指甲较宽就没有必要全部刷上，而是在指甲两边留下空隙，这样会使指甲看上去修长。待第一遍甲油干透后，再按上述方法薄薄地涂第二遍，加强颜色。涂完甲油如有多余甲油溢出，用棉签蘸洗甲水，将多余甲油擦去。再涂上一层亮油。如果你想要的甲妆效果，比这更夸张，那就在指甲上贴上晶莹璀璨的水钻。

切勿使用便宜洗甲水

市面上有含有高浓度丙酮的洗甲水，价格便宜，却能又快又干净地洗甲，但这种洗甲水非常伤指甲，长期使用指甲会变黄、变薄，非常脆弱，购买时一定要小心。选择洗甲水时，最好先看清楚其成分标识，添加羊毛脂等滋润成分的最有利于指甲的健康美丽。

让指甲更加美丽的方法

1.除了家里的梳妆台上，我们还应该把护手霜放在皮包里、车子上和办公桌的抽屉中。而且，涂抹护手霜的频率要和擦涂唇膏的频率相当。

2.双手浸泡在温热的水中 5 分钟后，在手上涂上营养按摩产品，双手互相按摩，因为血液循环不良会使指甲暗淡，所以要充分按摩，使血液流动到双手及甲床。关节部位应多次重复按摩动作，减少皱纹形成。在去手部角质时，要注意对指甲周围的角皮做适当护理。这个过程每周一次。

3.每两个月要做一次指甲的深层护理，可以尝试使用磨砂泥或者维他命H胶囊。蛋清也可以让指甲变得更坚韧。

4.如果指甲比较薄，要经常使用橄榄油来护理指甲，这样会使指甲变得柔韧，最好每天护理一次。

5.准备一套美甲工具，每月一次，用细致的指甲锉使指甲表面变得光滑平整，保持指甲在抛光状态，这不但是“前奏”，也是一个精致女人追求的细节。

6.如果你嫌指甲不够有润泽度，也可以为自己的指甲“美白”：把蜂蜜和柠檬汁混合，涂在指甲上，5分钟后彻底洗净，这样会使指甲变得白皙透明。

7.把保湿乳涂在指甲表面润滑，用中指以点按方式按摩，可防止其断裂，另可在擦指甲油之前使用刷子涂在指甲表面。

美化指甲，慎防皮肤病

美化指甲引发的皮肤病，主要在于质量不好的指甲油引起的接触性皮炎。不好的指甲油中所含的一些成分可能会使一些人发生过敏反应。特别是在指甲油尚未完全干透的情况下去触碰皮肤，就可能引起过敏性接触性皮炎，常见的位置包括眼皮、耳朵、口唇及脖子等部位。

皮肤科专家提醒大家，在选择指甲油时，最好选择正规厂家生产的指甲油，检查它是否标明生产批号、日期、保质期、厂家名称等。

洗手和护手霜的涂抹是一门学问

洗

手部保养是为了使手部皮肤光滑细腻，增加手部的美感，而这一切的前提是保持手部清洁。手接触的东西多，无论从卫生的角度还是从对手的保健来讲，都应及时清除手部的污物、灰尘等。

但洗手必需要注意方法，应用温水或冷热水交替使用。过热的水使手的皮肤干燥变粗，过凉的水又不能完全洗净手上的污垢。

涂

手部清洁之后，要用柔软干爽的毛巾细心擦干，特别是指间、甲沟等处不遗留水渍，否则将为细菌生长提供滋生地。然后在手心、手背、手指和指甲上都涂抹护肤霜。

涂护肤品时认真按摩双手，可加速指甲生长，使手指变细，皮肤细嫩。按摩时可先从手背开始，轻轻画螺旋形直到手指，活动每一个手指，特别是关节处；指尖和指缝也不可错过，上下按摩10次以上；用一手的拇指按摩另一手的手掌，从手掌到肘部画螺旋形按摩。

护

手部保养除了“洗”、“涂”之外，还应注意日常保护，不可将双手置于阳光下曝晒，在夏天的时候，双手的防晒工作一定要做到位。另外也要防止擦伤、烫伤等对手部造成伤害的事件发生。

“手”护的高效按摩操

双手是否美丽与遗传有很大因素，如果先天的基础不好，后天的保养就更加重要了。

手部皮肤的皮脂分布很少，而且分布不均匀，含水量也比身体的其他部位要低15%以上，手背皮肤更是比脸部厚得多，所以对保养品的吸收、渗透都远远不及脸部。为了保持清洁，我们每天不得不多次洗手，这样更会伤害手部的天然保护膜，引起干裂、脱皮。

“手”护之基本功

对手部皮肤来说应该一周进行1次去死皮护理，如果你手部皮肤较厚，5天去一次也不成问题。如果不是经常去角质，选择磨砂型的去角质霜就可以了,如果去角质比较频繁,你应该再选择一款温和的去角质霜与磨砂型的交替使用。

“手”护之按摩操

以下动作能帮助你细致双手和强韧指甲,学会之后要经常练习。

1.以拇指、食指按压另一只手的手指(手掌向上),从指尖按压到指根,由指跟经过手掌到指腕,换手重复做。这可帮助双手血液循环畅通,为涂抹护手霜做好准备。

2.涂抹手霜后,一手手背向上,螺旋式按摩每个手指,以使手指关节皱褶更加细腻平滑,降低肤色暗沉度。

专业手模的3个私房美手经

手部粗糙

经常做家务,经常沾水或者工作繁忙的女性手部会粗糙。有人认为粗糙是不是因为滋润得不够,其实滋润是改善粗糙的第二步,第一步应该是使用磨砂膏。现在已经有卖专用的手部磨砂膏了,如果实在没有的话,可以用身体磨砂膏或者脸部磨砂膏代替。

也可以自制磨砂膏,方法如下:

用比较黏稠的酸奶,加两勺蜂蜜,然后加一些粗盐。加蜂蜜是为了让酸奶变得更黏稠,粗盐具有去角质的作用。

使用磨砂膏的时候要注意,手部是不是有伤口。有伤口的话最好不要用,会刺激伤口。

手部干燥

这种问题其实到了秋冬季节每个人都会遇见,解决的方法只有一个,就是多用护手霜,最好能随身携带,随时涂抹。

对于手部干燥,需要注意:少沾水,冬天的时候水都比较凉,洗完手之后会加重皮肤的干燥感。关于护手霜，并不是越贵越好，没有必要去追求大牌，适合自己的才是最好的。

手部冻疮

冻疮是局部皮肤的轻度冻伤。轻者局部红肿，稍遇暖和，就又痒又痛；重者患处可发生破溃，甚至感染。

1. 治疗冻疮的方法

（1）按摩治疗法。在红肿部位，用手进行搓、摩、按压，先轻后重，促使红肿消散。每日做2~3次，每次10分钟。

（2）冷热水泡法。取一盆15摄氏度的水和一盆45摄氏度的水，先把手浸泡在低温水中5分钟，然后再浸泡于高温水中，如此每天重复3次，可以锻炼血管的收缩和扩张功能，减少冻疮的发生。

（3）服、擦药物法。有冻疮体质者，可在入冬前一月补充维生素A、C及矿物质，可口服烟酰胺片0.1克，每日3次，钙片0.5克，每日3次，以提高机体耐寒力。也可在冻疮好发部位涂擦辣椒酊（取干辣椒20克，密闭浸泡于75%酒精500毫升中，7天后可用），每日擦2~3次。

小提示：

（1）按摩时切忌用手抓挠，以免损伤皮肤造成溃烂。已破溃不适于按摩者，可用5%鱼石脂软膏或磺胺软膏外敷。

（2）为了预防冻疮，平时可用冷水摩擦易冻部位，擦到发红为止，每晚临睡前用温水洗易冻患处，均可增加这些部位的耐寒力。

（3）对每年易发冻疮的部位，在冬季来临前可采用此法：取独头蒜一个，捣烂后放在太阳下晒热，在易发冻疮部位反复轻轻摩擦至局部出现小泡，然后用消毒针把水泡挑破。此法可使局部气血畅通，以减少冻疮的发生。

2. 去除手部冻疮疤痕

如果冻疮已经对我们的手部造成伤害，并留下了难看的疤痕，那该怎么办？下面我们就来学习几招去除冻疮疤痕的实用小方法：

（1）按摩法。用手掌根部揉按疤痕，每天3次，每次5~10分钟。这个方法对于刚脱痂的伤口效果最佳，对于旧伤疤效果比较弱。

（2）姜片摩擦法。生姜切片后轻轻擦揉疤痕，可以抑制肉芽组织继续生长。

（3）维生素 E 涂抹法。维生素 E 可渗透至皮肤内部而发挥其润肤作用，同时，维生素 E 还能保持皮肤弹性，但大家可能对维生素 E 去疤的功效还不太熟悉。把维生素 E 胶囊用针戳破，取其内的液体涂抹在疤痕上轻轻揉按 5~10 分钟，每天两次，持之以恒就会有比较好的效果。

（4）维生素 C 涂抹法。维生素 C 具有美白功效，把维生素 C 涂抹在颜色较深的疤痕上来美白疤痕，使之与周围健康的肌肤色调一致。

（5）薰衣草精油涂抹法。薰衣草的美容功效总是很神奇的，薰衣草精油淡化疤痕的作用也被广泛认同。不过薰衣草精油对于新疤和 8 年以上的旧疤效果不明显，对于疤龄 1~2 年的伤疤效果比较好。另外，精油的使用总是要特别小心的，在疤痕上涂抹精油的时候可千万别涂到没有疤的肌肤上。

手部美白并不难

真正的白雪公主可不能拥有白皙的脸，却还有着一双黝黑的双手。如果你正处于这样的尴尬状况，那就快点行动起来，利用下面的美白方法，让自己在较短的时间里拥有一双白皙美手！

手部美白法一：手部精华护理

1.深层清洁

选择含有矿物粒子磨砂膏，按摩手背和掌部，能帮助漂白及深层洁净皮肤，去除死皮和促进细胞新陈代谢。

2.舒缓修护

将有舒缓作用的手部修护乳涂抹于手部，软化粗糙皮肤及关节部位，还能充分滋润防护双手。再混和护手霜及手部按摩油按摩双手，帮助促进细胞新陈代谢及迅速改善皮肤弹性，令皮肤回复柔软润泽。

3.深层美白

涂上浅绿色的海藻精华，可有效刺激手部肌肤底层，促进细胞活跃，有效修护肌肤，改善手部皮肤灰暗，恢复净白生气。

4.深层护理

涂上浓稠的手霜后，用保鲜纸包住手部，再放入恒温的手套内，护理约10分钟左右。即刻感受到前所未有的滋润感，有助于巩固皮下组织及深层滋润肌肤。

手部美白法二：巴拿芬香蜡护理

1.清洁手部

首先要清洁双手，再涂磨砂膏，去除死皮。

2.放入蜡中

将手放入蜡中，然后提起，重复几次，让蜡在手上变成薄膜。

巴拿芬香蜡护理的原理是利用热力，将维他命E和骨胶原带入皮肤底层，令双手即时恢复白嫩。

手部美白法三：手部美白DIY

1.牛奶蜂蜜美白手膜

材料：牛奶一袋，蜂蜜三勺，橄榄油两勺。

做法：将材料加上水充分混合成稠稠的液体状，然后泡手10分钟左右，最后涂上美白护手霜。需要注意的是：泡的时间不要过长，过长的话反而会吸收手的水分，让手变得干燥。

2.牛奶香蕉美白手膜

材料：牛奶一袋，香蕉一只。

做法：将香蕉弄成糊状，然后倒入全脂牛奶，再加入少量水，香蕉、牛奶和水的比例是2:5:1。然后泡手15分钟左右，涂上美白护手霜。

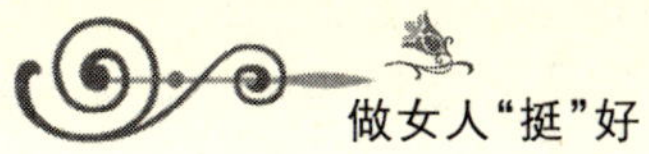

Part 16. 做女人"挺"好

胸部曲线的优美，一直以来都是女性关注的焦点。通过各种方式让自己的胸部曲线变美，这无可厚非，但乳房的健康也同样应该引起我们的注意。

15 个小妙方，让乳房永远健康

很多女性朋友都有过乳房肿胀、疼痛的经历，造成乳房胀痛的原因很多，发育、生理期、疾病甚至佩戴不适合的文胸都可能引起乳房不适，如何缓解这一症状呢?

健康的饮食习惯

遵循"低脂高纤"饮食原则，多吃全麦食品、豆类和蔬菜，控制动物蛋白的摄入，同时注意补充适当的微量元素。

在日本这种以低脂肪含量的食物为主食的国家，女性患乳腺癌的比例只有美国的 10%~15%。脂肪含量高的食物一方面阻碍了雌激素的排出，同时会促进体内细菌的生长而使体内雌激素水平升高。

每天至少食用 30 克纤维，诸如多吃些全麦面包、胡萝卜、南瓜，各种纤维均有助于过多的雌激素排出体外，从而阻止激素刺激乳房组织，对乳房的保健具有很好的作用

摄取维生素

饮食中应摄取富含维生素 C 及维生素 B 群的食物。这些维生素有助于调节前列腺素 E 的制造。同时，少吃人造奶油，因其中的氢化脂肪会干扰体内必需的脂肪酸转化为 Y-亚麻油酸的能力，进而抑制催乳激素的产生。

经常按摩乳房

轻轻按摩乳房，可使过量的体液再回到淋巴系统。按摩时，先将肥皂液涂在乳房上，沿着乳房表面旋转手指，约一个硬币大小的圆。然后用手将乳房压入再弹起，这对防止乳房不适症有极大的好处。

穿稳固的胸罩

胸罩除了防止乳房下垂外，更重要的作用是防止已受压迫的乳房神经进一步受到压迫，消除不适。细心的女性会发现，那些慢跑运动员穿戴稳固的胸罩就是这个保健原因。

避免利尿剂

利尿剂的确有助于排出体内的液体，也能削减乳房的肿胀，但这种立即的缓解需付出代价的。过度使用利尿剂会导致钾的流失、破坏电解质的平衡，以及影响葡萄糖的形成。

不吃太咸的食物

高盐的食物易使乳房胀大并产生疼痛感，因此，女性平日都不应吃得太咸，而月经来前的7~10天尤应避免这类食物。

热敷

热敷是一种传统的中医疗法，可用热敷袋、热水瓶或洗热水澡等方式缓解乳房胀痛。如果采用冷、热敷交替法，消除乳房不适症效果会更好。

防止肥胖

对于过度肥胖的女性，减轻体重将有助于缓解乳房肿痛。

用蓖麻油敷胸

蓖麻油含有一种能提升淋巴细胞功能的物质，可以消除乳房疼痛。

具体方法是:将蓖麻油滴于折成四层的棉布上,让其沾满蓖麻油,但勿过湿,以免四处滴流。将此布敷于乳房上,盖一层塑胶薄膜,再放上热敷袋。将热敷袋调至你能忍受的热度,敷一小时即可。

远离咖啡

咖啡因是否会导致乳房不适?目前尚未证实。但据医学调查发现,许多有乳房胀痛及其他良性症状的妇女,在戒除咖啡因后,症状有明显的改善。因此,你得全面戒掉咖啡,也就是要对汽水、巧克力、冰激凌、茶以及含咖啡因的止痛药等完全死心。

切忌滥用药

有的人胡乱吃些消炎药或是抗生素类药来止住乳房胀痛,这是错误和危险的,因为乳房胀痛不能使用局部性的类固醇消炎剂。

愉快的心情

心情好,卵巢保持正常排卵,孕激素分泌正常,乳腺就不会因受到雌激素的单方面刺激而出现增生,已增生的乳腺也会在孕激素的作用下逐渐复原。

重要的妊娠哺乳

妊娠令孕激素分泌充足,能有效保护、修复乳腺,而哺乳能使乳腺充分发育,并在孩子断奶后良好退化,不易增生。

定期检查、适当运动

每月对乳房做一次自检,定期到专业机构做乳腺检查,每次洗澡做适当的乳房按摩,每天做 5 分钟的扩胸运动。

和谐的性生活

和谐的性生活能调节内分泌,刺激孕激素分泌,增加对乳腺的保护力度和修复力度,性高潮刺激还能加速血液循环,避免乳房因气血运行不畅而出现增生。

25岁之前与之后的乳房保养

现代人的保养观念，多数仍旧停留在脸部保养，其实隐藏在衣服底下的胸部，更需要细心的呵护。随着年龄增长，乳房的保养重点也略有不同，一般来说，25岁是新陈代谢的高峰期，你的乳房养护计划，可以这个阶段作为分界。

25岁之前

这个阶段算是乳房的成长期，甚至包括了胸部发育最重要的青春期，因此就这时期而言，“做对的事”比“做什么事”更重要。在内衣的选择上要正确，在饮食的摄取上要均衡，这就是最基本的胸部保养之道。长期穿着不当的内衣以及营养不均衡的饮食习惯，都会影响乳房的成长发育。在乳房发育时没有做好最佳保养，造成下垂、外扩等胸部问题提早出现，实在是不值得的。

25岁之后

过了新陈代谢的高峰期，不管是生理现象或是体态状况，都会慢慢走下坡路。这时候积极的保养是需要的，你可以借助运动以及使用胸部保养品，来预防乳房下垂等问题的提早发生。每天针对胸大肌做适当的锻炼，不仅胸部线条更优美，乳房也会因肌群受到锻炼而有丰满效果。早晚使用美胸产品，搭配正确按摩做居家胸部保养，对胸形的维持，甚至是不完美胸形的改善，都可以在持续坚持下看到最佳效果。

职场美人，工作、美胸两不误

长期坐办公室，尤其要经常和电脑打交道的白领女性，可能并不知道，伏案工作、“屈身”于电脑前，对于保持乳房的“坚挺”是非常不利的。

妇科专家提醒，就像很多女性都知道的那样，挺胸可以让女性的乳房看起来更美，文胸可以帮助保持我们胸部的曲线，而倒立练习可以帮助女性的乳房

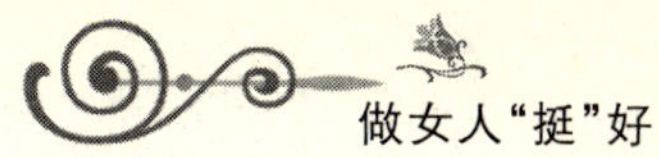

对抗地球引力以及年龄增长导致的下垂。不过，倒立这种高难度的乳房保健方法可不是所有女性都能做到的，而在日常生活中注意一些细节则可以时刻与乳房松弛、下垂作斗争。

专家指出，经常伏案工作、使用电脑的女性来说，她们最常见的姿势就是屈身在办公桌、电脑前，长时间保持一个含胸的姿势，这样看起来不美，而且时间长了，不但影响乳房的挺拔度，乳房还会感到胀痛、刺痛等。尤其一些伏案工作的女性，由于乳房经常受到桌子边沿的挤压，情况可能更加严重。因为斜着靠或趴在桌上，双乳正好处在挤压的支点上。有研究认为，如果乳房受硬硬的桌沿挤压近一个半小时，就能够干扰乳腺内部的正常代谢，时间长了自然会造成不良后果。

因此专家提醒，办公室女性如果要伏案工作或使用电脑，正确的姿势应该是上身基本挺直，胸部离桌沿 10 厘米，这对消除胸部疲劳、保护乳房的生理活性很有好处。而在工作之余，要时常活动活动上肢，如多做深呼吸、扩胸运动、甩手、活动手腕等。这些方法不但可以舒筋活血，还能有效牵拉乳房及周围肌肤参与运动，防止胸部组织尤其是双乳衰老变形。此外，还可以考虑到洗手间等处做十几分钟的乳房按摩。

此外，办公室女性要保护好乳房，平时运动也要有意锻炼胸部肌肉，如健美操、跑步、俯卧撑等都能促进胸部肌肉健美。晚上睡觉前的按摩也很重要，方法是先后按顺时针、逆时针方向在乳房周围旋转按摩，直到乳房皮肤微红微热为止，最后提拉乳头数次。最后，还要在吃上做文章，如多吃豆类、蛋类、牛奶等富含蛋白质的食物，特别要补充锌。

最后专家提醒，夏天里女性穿着低胸衣物的话更要注意乳房防晒，以免紫外线加速乳房皮肤的老化。

选对 Bra，让胸部健康又迷人

内衣作为女性的密友，时时追随着她们，关爱着她们。不同的内衣，让女人展现百变风情——妩媚、娇柔、纯真、简约。让胸部健康又迷人，就从选对内衣开始吧。

选对一件内衣不但能为女人增色不少，而且还能代表着一个女人的身份与品位。

材质

选择使用自然材质的内衣，自然棉加上有弹性的莱卡，能增添穿着的舒适度。至于美丽的蕾丝及化学纤维制品，有些人会因它们而敏感或觉得不舒服，以舒适的角度考虑最好避免。

钢圈

钢圈有支撑胸部的作用，但是太硬的钢圈则使人难受，好内衣也会选择，一则它比较软，二则因为不论受到外力或清洗，它都可以根据体温而恢复原有的弧形，使得穿着内衣不再是自我受虐的行为。

亲棉

女性可能是因习惯所致，在选购内衣时都希望能有亲棉，来使胸部感觉丰满。厚亲棉容易造成闷热，甚至还牵扯到卫生问题。如果以舒适度为最佳考虑的话，最好选择只有薄薄一层亲棉的即可，不但使胸部曲线优美，而且也很舒服。

肩带

一般人认为肩带松紧只和调节环有直接关系，其实不然，它和内衣的整体版型的关系才是尤为重要的。有时我们会发现一件新买的内衣，调节好的肩带为什么还会滑落呢？其实问题就在版型上，一则有可能此款不适合你，二则有可能版型本身就不合理。

小秘方，让你的胸部一挺再挺

爱运动的女性经常会遇到在减去一身赘肉后，发现胸部变小，甚至出现下

垂的现象。北京中体倍力健身教练陈超琪表示，运动后做一些恰当有效的动作，可以增加乳房的韧性和弹性，使乳房变得结实、饱满。

防止乳房下垂，要避免长期做一些强度大的跑跳动作，这有可能导致乳房下垂。但游泳却是一项既减肥又塑胸的运动，因为水对胸廓的压力不仅能使呼吸肌得到锻炼，还能很好锻炼胸肌。

在瑜伽动作里，有一个经典的"挺"胸动作，叫作固肩式。它可以消除手臂的赘肉，同时还可以防止乳房下垂。跪坐在垫子上，腰部挺直。双手放在身体两侧。吸气，吸气的同时双手放在头的后方，并且十指互扣。手肘尽量左右打开，扩胸，同时做深呼吸。吸气，同时把双手移动向左侧，同时右手上，左手下。然后吐气，吐气的时候左手用力往下拉右手。停留 5 秒，做深呼吸。换对侧做几次。

除了运动，按摩对塑造美丽乳房也很有好处。

1. 从乳房中心开始画圈，往上直到锁骨处。

2. 从乳房外缘开始，以画小圈方式做螺旋状按摩。

3. 两手掌轻轻抓住两边乳房，向上微微拉引，但是别捏得太用力。

每天洗完澡后花 5 分钟进行按摩就可以了，每个动作重复 8~10 次。

让乳房美丽，饮食也很重要。可多吃些卷心菜、花菜，以及含蛋白质丰富的奶制品、瘦肉、蛋类、豆制品等。此外，动物脏器、鱼、蛋、绿豆芽、新鲜水果等富含维生素 B，这是合成雌激素不可缺少的成分，而雌激素的分泌可促进乳房和乳头的发育，使乳房逐渐隆起变得丰满。

此外，要增加乳房弹性避免下垂，要注意姿势，走路时背部挺直，乳房自然会挺起；坐立时也应该挺胸抬头；睡眠时采用仰卧位或侧卧位，不要俯卧。多做些深呼吸，也能使胸部得到充分发育。合适的胸罩，托到合适的位置，以减少地心引力的作用，减少外界的伤害。

拥有粉嫩的迷人乳晕

很多女孩子都会为自己的乳晕偏黑或者呈咖啡色而烦恼。乳晕颜色的深浅与肤色有关。肤色浅的人，乳晕会显得深一些。除此之外，个人体质、怀孕、年龄老化、过度刺激乳头等关系的影响，乳头及乳晕都会渐渐变成黑褐色，乳头也会变大。

既然乳晕的颜色和黑色素沉淀有关，那么如果你想让你的乳晕颜色变得粉嫩起来，也并非没有办法。下面，就来介绍三种使乳晕变粉嫩的简单方法，教你如何做个拥有完美乳房的粉红女郎。

技巧一：粉嫩面膜

蜂蜜和面粉按照 1:3 的比例搅拌成面膜涂在乳头、乳晕上。15 分钟后洗掉，再用热毛巾敷几遍，敷完后用化妆棉醮碱性化妆水擦一下。

一个星期最多做两次。一般做五六次后乳头、乳晕会慢慢恢复原有的嫩红，但是如果是先天的乳头乳晕偏黑，就要做十来次左右。

点评：众所周知，蜂蜜和面粉都是天然的绿色食品，两者的性质都非常温和，不会伤害到乳头、乳晕如此娇嫩的部位。最后擦爽肤水的时候只需用化妆棉沾一些轻轻擦即可，主要是清洁作用，而且它挥发得很快，不会有副作用。

当然，如果实在不放心化妆水的可以用矿泉水或者凉开水代替，这个关卡的作用一是为了收紧热敷后的皮肤组织，二是为了再度清洁。

技巧二：玫瑰乳贴

在晚上睡觉前，用柠檬汁擦拭乳头、乳晕。柠檬本身就具有美白的功效，然后，再用红玫瑰花瓣贴在乳晕上。记住：一定要用牛奶泡过的红玫瑰花瓣，这样花瓣才能贴上。这样坚持每天做，坚持 2 个月就会让你有惊喜。

技巧三：美白精华妙用

这个方法最简单，就是把平时用的美白精华在每次沐浴之后涂一点点在乳晕上。注意，千万不要涂在乳头上，因为这样可能引起乳头发炎等。

涂上之后用一个手指轻轻转圈按摩，3 分钟之后就可以睡觉了。

乳房保养的7个大忌

拥有大小适中、坚挺的胸部是许多女人的梦想。平时对胸部多加注意保养,这样才能让胸部健康迷人。你知道的保养方法正确吗?

不要强力挤压

乳房受外力挤压,有两大弊端:一是乳房内部软组织易受到挫伤,或使内部引起增生等;二是受外力挤压后,较易改变外部形状,使上耸的双乳下塌下垂等。

避免用力挤压乳房应注意两点:

第一,睡姿要正确。产后女性的睡姿以仰卧为佳,尽量不要长期向一个方向侧卧,这样不仅易挤压乳房,也容易引起双侧乳房发育不平衡。

第二,夫妻同房时,应尽量避免男方用力挤压乳房,否则会有内部疾患。这一点产后的女性更要特别注意。

不要戴不合适的胸罩

切忌戴不合适的乳罩,或干脆不戴乳罩。选择合适的乳罩是保护双乳的必要措施,切不可掉以轻心。

要选择型号适中的乳罩,应做到以下3点:

1.戴乳罩时不可有压抑感,即乳罩不可太小,应该选择能覆盖住乳房所有外沿的型号为宜。

2.乳罩的肩带不宜太松或太紧,其材料应是可少许松紧的松紧带。

3.乳罩凸出部分间距适中,不可距离过远或过近。另外乳罩的制作材料最好是纯棉材质,不宜选用化纤织物。最重要的一点是胸罩要干净卫生。

不要用过冷或过热的浴水刺激乳房

忌用过冷或过热的浴水刺激乳房。乳房周围微血管密布,受过热或过冷的浴水刺激都是极为不利的。如果选择坐浴或盆浴，更不可在过热或过冷的浴水中长期浸泡。否则，会使乳房软组织松弛，也会引起皮肤干燥。

不要让乳头、乳晕部位不清洁

乳房的清洁十分重要，长时期不洁净会带来麻烦，如出现炎症或造成皮肤病。因此，必须经常清洁乳房。

很多女性总是使用香皂类的清洁物品，洗去乳头、乳晕分泌物，其实这对乳房的保健是十分不利的。

香皂类的清洁物品会通过化学作用洗去皮肤表面的角化层细胞，促使细胞分裂增生。长此以往，就会损坏皮肤表面的保护层，使表皮层肿胀，情况严重的，还会促进皮肤上碱性菌丛增生，更使得乳房局部酸化变得困难。

因此，要想充分保持乳房的卫生，最好还是选择温开水清洗。

不要过度节食

乳房内部组织大部分是脂肪，如果为了苗条而节食，会使得乳房发育不健全。

不要用激素类药物丰乳

女性在进入更年期之，卵巢本身分泌的雌激素量比较多，如果选用雌激素药物，虽然可以促使乳房发育，同时也潜伏着一些极不利的危险，可能使乳腺、阴道、子宫体等患癌瘤的可能性增大。

不要长期使用丰乳膏

丰乳产品一般都采用含有较多雌性激素的物质，涂抹在皮肤上可被皮肤慢慢地吸收，进而使乳房丰满，短期使用一般没有什么大的弊病，但如长期使用，轮换使用不同类的丰乳膏就会带来不良后果，如月经不调、色素沉着、皮肤萎缩变薄、胆汁酸合成减少、易形成胆固醇结石。

乳房整形要谨慎

隆胸失败存在的原因很多，如整形医生个人的技术问题、医院的设备问题、患者自身的身体素质问题，等等。但造成这种“求美”失败现象增多的最主要原因还是因为整个行业缺乏有效的监管。

因此，为了手术的安全性以及取得预期的整形效果，施行整形美容手术必须到正规的医疗单位进行。

常见的乳房整形手术

由于先天或后天的原因，乳房的大小、形态可能受到影响，从而需要用整形手术来塑造一对大小合适、形态完美的乳房。常用的乳房整形美容手术主要有：隆乳术，乳房缩小整形术，乳房再造术，垂乳上提术，等等。

术前最好要全面了解

术后感染、手术方法不对、选择的假体质量不好等都可能造成手术失败，但手术失败并不意味着从此和美丽绝缘。一般的隆胸手术失败者都能通过手术解决。

虽然可以通过手术矫正，但是第二次手术的效果都不会太好，所以建议大家在做隆胸手术前一定要慎重，要全面考虑是不是有必要做手术，如果一定要做就必须了解施行手术的医院是不是卫生局许可的，让自已真正了解医生手术的过程，千万不要偏听偏信。

术前做好准备

接受隆胸的女士们在手术前都要做哪些准备呢？

1.了解实施隆胸术的医师的实际水平

(1) 医师是否为专业的美容整形外科医师。

(2)实施隆胸方案是否与国内公认方案基本一致，如切口的选择、假体留置的位置及术后的处理等是否合理。

(3)万一发生出血、感染等问题的实际处理能力是否具备等。

2. 将自身的情况告诉医师

(1)所有内科情况、药物过敏、接受过的治疗，以前做过的手术如乳房活检，以及现在服用的药物。

(2)可能要问及乳房癌的家族史，重要的是要实事求是。

3. 隆胸材料的选择

(1)材料来源是否符合国家要求。

(2)材料是否具有相应的检测数据，至少是目前国内能够办得到的检测数据。

(3)材料万一发生问题有无质量担保。

(4)乳腺假体形状、大小的选择是否符合受术者的具体条件，如身高、胸廓形状、宽窄及胸围、腰围、臀围大小和乳腺的实际条件等因素的要求。

4.手术场所是否具备相应条件

你选择做隆胸术的场所是否具备做隆胸术及处理因隆胸术所发生问题的条件与措施。如严格的消毒条件，救治手术意外的能力与措施，处理术后如血肿、感染及形态欠佳等问题的能力及措施。

5.常用的隆胸切口

应该说目前常用的也是较好的隆胸切口应是：

(1)乳晕切口。

(2)腋窝横形或腋窝前皱襞切口。

乳晕切口借助乳晕的颜色使切口更隐蔽，腋窝切口虽较隐蔽，但在夏天着无袖装或泳装举臂时，常易暴露出伤痕是其不足。

6. 隆胸术常发生的问题

麻醉意外是导致受术者死亡的事实，虽然发生率不高，但做好防治措施及思想准备是必要的。

Part 17. 塑造平坦小腹，做男人眼中的小“腰”精

没有人不爱小“腰”精。平坦的腹部+窈窕的腰身=男人的仰慕+女人的羡慕。

不做小“腹”婆，要当小“腰”精！

如果你还不是小“腹”婆，那么就赶紧防患未然，改掉不良生活习惯。

很不幸，如果已经是了，没关系，只要努力做到以下几点，我们也可以摆脱小“腹”婆、迈向小“腰”精。

坐姿要端正

平日长期待在办公室的女性，坐姿要端正，例如不可以驼背、脚也别帅气地到处乱摆，因为端正的坐姿不仅让仪态更佳，也可以让你的腹部及臀部保持紧张的状态，这样臀线不易变形，腿部曲线更因此而得到修正。

不要忍便

忍便容易让肚子胀气，忍习惯了，会让直肠黏膜变得迟钝，甚至会形成惯性便秘，排便不顺畅，那么小腹自然会逐渐“茁壮成长”！此外，早晨起床时可以

试着喝一杯白开水，或是多吃蔬果，都能达到加快肠胃蠕动、促进便意的功效。

运用腹式呼吸法

腹式呼吸的方法其实很简单：当我们吸气时，肚皮涨起，呼气时，肚皮缩紧。虽然刚开始可能不太习惯，但习惯了，有助于刺激肠胃蠕动、促进体内废物排出，另一方面也能使气流顺畅，增加肺活量。

要无时无刻缩小腹

平常走路和站立时，要记得用力缩腹，再配合腹式呼吸，也许前一两天会觉得很辛苦，但日子一久，你就可以看见自己的小腹肌肉变得紧实，轻而易举地就能收到瘦身的功效。

要勤做运动

除了要常常提醒自己缩小腹，做提肛运动及勤走楼梯（爬楼梯，修出细腿美臀），可以让脂肪不再受地心引力影响而往下垂；此外常坐办公室的女性，可利用办公室的椅子，将上半身维持挺直。虽然开始可能不太习惯，但习惯了，有助于刺激肠胃蠕动、促进体内废物排出，另一方面也能使气流顺畅，增加肺活量。

适合职场人士的消腹脂肪茶

喝黑茶最宜减腹部脂肪——茶中富含的维生素 B_1，是能将脂肪充分燃烧并转化为热能的必要物质。

黑茶可抑制小腹脂肪堆积。一说起肥胖，人们马上会想到腹部脂肪，而黑茶对抑制腹部脂肪的增加有明显的效果。黑茶是由黑曲菌发酵制成，顾名思义，是黑色的。在发酵过程中产生一种普诺尔成分，从而起到了防止脂肪堆积的作用。想用黑茶来减肥，最好是喝刚泡好的浓茶。另外，应保持一天喝 1.5 升，在饭前饭后各饮一杯，长期坚持下去。

调节消化通道

如果消化系统有问题，就很难拥有迷人的身材。但在现实生活中，每三个女人中就有一个人遭遇这方面的问题。解决的方法有两个：水和纤维。所有的纤维都是植物的，不能或很少受消化酶影响。纤维的优点之一在于，由于水的作用便于全麦消化。因此，最好经常吃粗粮、水果和蔬菜。但是不要只吃全麦面包或饼干，因为这样会给肠胃造成负担，明智之举是逐步地将这些食物加入您的日常饮食单。

学会放松

结肠十分敏感，压力和心理问题会对它造成直接影响。结肠会膨胀，充满了气体，人体就会感到胀鼓鼓的。一些放松的练习和缓解紧张的活动有利于自我放松。当你感到烦躁时不妨试一试这个办法：深呼吸使腹部膨胀，然后轻轻吹气使腹部回到原来的状态。良好的睡眠至关重要，夜间结肠和所有器官一样得到休息，这样它才能更好地工作。

Office Lady，上班途中也瘦腰

坐公共汽车这种固定不变的搭车时间是绝佳的运动时机。无论是坐在椅子上，或者是站立不动，均能有效利用这段拥挤的时间。毫不浪费的善用通勤时间的想法，是塑造完美身材的快捷方式。

站着也能运动

拥挤的车厢内，大大的皮包非常麻烦，这时不妨利用皮包做个训练腹肌的运动。将皮包抱在腹部，腹部向内缩，然后用一只手连着皮包一起紧压腹部，使腹部有如接近背部一般，然后用力保持紧绷的状态。

坐着收腹更明显

搭车时如果有座位，请把皮包紧贴腹部放置，双手紧压皮包的同时，

腹部向内收缩，背部同时用全力压向椅背。紧压的动作持续 6 秒，反复 3~5 次。

这个运动对即使腰力不强的人，也能够轻松进行。坐着时若能养成这个习惯，可以有效预防腰痛。

塑造平坦小腹的误区和对策

保养和减肥，最大的忌讳就是陷入了误区，因为这不但费力不讨好，而且还会对身体造成其他的负面影响。下面我们来看看，关于小腹的塑造，你有没有陷入误区？

仰卧起坐是锻炼腹部肌肉的最好方式

仰卧起坐一直被我们奉为获得平坦紧实腹部的“看家法宝”，但事实却是，“肩酸背痛，肚腩依旧”。原因很简单，它主要起到锻炼腹肌的作用，不可能仅依靠它就可减少腹部的脂肪。

对策：如果想让仰卧起坐发挥更好的作用，可以尝试做如下改变——每分钟仅做 10 次仰卧起坐，在上身与地面呈 45 度角的时候保持 5 秒钟，这样的效果比起 1 分钟做 60 次要好很多！

一种运动方式足矣

即使你掌握了一套很好的健身方法，仍需要每隔几周就变更一下运动方式。因为一项健身计划练习得越久，身体对之就越应付自如，最后的结果是，消耗的体力越来越少，燃烧的热量也越来越少。研究表明，肌肉至少能适应 4~5 种锻炼方式。

对策：避免肌肉“应付公事”，并非意味着去搜寻各种新的运动方式，在平日的锻炼中添加一些小花样足矣。比如，当你练习仰卧起坐时，将手掌放于耳旁改为将手臂前伸或一改往日在地板上练习，躺在斜面长凳上训练，等等。

高密度的锻炼一定能收到加倍的效果

把一个动作重复做上100遍，就能够得到比做50遍好1倍的效果吗？其实，健身不是单纯的量的累计，而应该重视质的变化。

对策：资深的健身教练认为，腹肌的训练关键是动作要到位，而且需要适当的停顿，最好以15个动作为1组，每次做2~3组就可以了。

健腹≠收腰

许多人都把健腹运动与减去腰部脂肪的运动混淆起来，以为一个动作既能瘦腰也能美腹，可往往是瘦了腰，胖了腹。

这是因为减掉堆积在腰部的脂肪比塑造腹部的肌肉要容易得多，只需要在饮食上配合，减少高热量食物的摄入，同时坚持相应的训练，就能够让“小蛮腰”重见天日。腰细了，没有得到针对训练的腹部相对就表现得更“突出”了。

对策：不要指望某一种运动能够同时完成健腹、收腰的双重任务，减肥的道路上是没有捷径可走的，按部就班地练习，不要相信“二合一”的方法。

拥有平坦小腹的8个方法

如何练出结实平坦的小腹？女人们都希望自己能够找到秘诀，下面告诉你8个拥有平坦小腹的方法。

摄入足够的高纤维膳食

高纤维膳食可以帮助消化和促进肠道蠕动以排出废物，所有突出的小肚子几乎都是因为肠增大，肠内堆积废物的缘故。纤维膳食帮助消化和促进排出粪便的功效可以使你的小腹逐渐变得平坦起来。

制订一个有规律的力量练习计划。

全身锻炼能够增强身体的平衡性，如果为了得到理想的腰部曲线，你仅仅只是锻炼腰部，不仅有可能造成腰部肌肉疲劳损伤，也会导致身体整体上的不平衡。

全身锻炼能够使你身材更加苗条,整体上更好看。女人们如果将身上的赘肉都变成肌肉,并不会使你看起来很胖或者像个男人,反而会使你消耗更多能量,帮助保持轻盈体态。

进行全身锻炼,身上的每一个部位都能得到锻炼,当然每一个部位也都可以得到适当的休息,这样就不会因为仅仅锻炼腹部肌肉造成腰部训练过度,不会对腰带来损伤。

喝足够的水

使自己的身体不缺水也可以促进消化和肠道蠕动。

多多进行有氧运动

明明是少吃了,体重就是纹丝不动,为什么呢?这时就赶快运动吧。不过要是氧运动才有效,才能改善基础代谢,改变你少吃也胖的尴尬状况。

建议:快走是一个很适宜减肥者的有氧运动,每日早晚各快走30分钟,可以让整天的新陈代谢速率都快起来,一个月下来很容易就可减掉两公斤以上体重。

将瑜伽里的侧面支架式姿势融入你的小腹锻炼计划

侧面支架式姿势能够锻炼你的腹部横肌,腹部横肌有力则可保持胃部肌肉不下垂,因此可以保持良好的身姿。

坚持规律地做操

可以经常做的两个练习:

1.平躺在地上,弯屈两腿,将两腿稍稍分开,将手臂放于身体两侧。收缩腹部、臀部,抬起骨盆再落下,不能触及地面,这样连续做十次。休息一分钟,然后再继续做。每日做十组为宜。

2.平躺在地上,张开双臂贴地,两腿垂直于地面,两脚保持弯屈,腰紧贴地面,这样不会对背部造成伤害。前后甩腿连续做十次。休息一分钟,然后再继续做。每日做十组为宜。

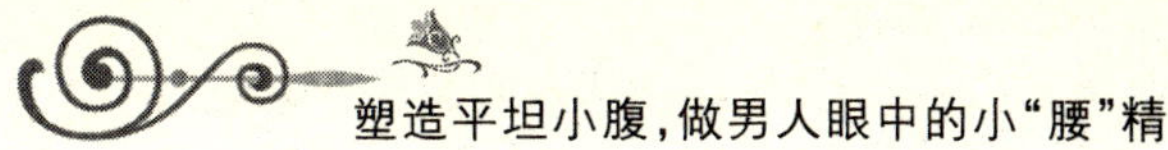

饮食预防法

1.要吃早餐：许多上班族为了争取睡眠时间而不吃早餐，结果中午就会感到很饿，吃午餐时狼吞虎咽，进食速度快，进食量多。

2.面对美食拒绝诱惑：吃饭时要注意细嚼慢咽，慢慢品尝。餐前喝一碗营养丰富、低热量的汤，鱼汤、蔬菜汤、鸡蛋汤均可，这样才能更好地控制食量。

3.少吃零食：当你在闲着没事时，会下意识地想吃东西，看电视时也会想吃零食。这时，应不要在茶几上放高热量的零食，可以放一些水果，或是开水。

4.不吃剩菜、剩点心：餐后，有些女士容易下意识地把剩下的一口菜或一块点心随手放进嘴里，这会让自己的食量不断增加。

Part 18. 让你的臀部翘起来

即使你很少穿短裙和紧身裤,但若臀部松垮无弹性,无论穿什么,下半身的比例也会尽失平衡。

4个小动作,大PP变小翘臀

对于Office Lady来说,常常是一坐几个小时不起身,如果饮食又不均衡,就很容易下半身肥胖。

下面为长期活动不足的你准备了一份简单的美臀方案,可以在睡前抽出几分钟的时间轻轻松松为臀部减肥。

仰卧举臀

动作过程:仰卧在垫子上,双腿弯曲,双手放于身体两侧,两脚平放于垫子上。脚跟用力,慢慢抬起臀部,再缓慢降低至起始姿态。抬起高度可以逐渐增加。如需加大难度,可以单脚着地练习。

俯卧抬肩

动作过程:俯卧在垫上,双臂向前伸直。慢慢抬起上身到最高点,微微抬头,再缓慢降低至起始姿态。保持腹部及以下紧贴于垫上,不要猛然用力。

俯卧臂腿抬高

动作过程:俯卧在垫子上,双腿伸直,双臂伸直。慢慢抬起右臂和左腿到最高点,微微抬头,再缓慢降低至起始姿态。然后交换到左臂和右腿。抬起高度可以逐渐增加，向上时呼气。

手膝举腿

动作过程：跪在垫子上，双手撑地。慢慢抬起和伸直右臂和左腿到最高点，再缓慢降低至起始姿态。然后交换到左臂和右腿。保持头部与脊柱的自然状态。抬起高度可以逐渐增加，向上时呼气。

扁平臀走开，小翘臀练出来

下面一组动作主要是改善臀部扁平的情况。这套简单的矫正操，一周就能看到明显效果哦，让你的臀部翘起来!

Step1

挥腿：左侧靠近椅子背站立，左手抓住椅子背，这样可使操练方便，此时右腿用力向前、向上、向右摆，做10次。然后移动椅子的位置，并挥动左腿。呼吸要均匀，活动量尽量大，以便使臂部肌肉承担足够的负荷，挥腿范围尽量宽，这节操能使臀部减肥。

Step2

跨腿：右侧卧，右臂屈肘成直角，手心向下，左手掌在齐腰处扶地，支撑大腿用力使身体离开地，上体和腿在一条直线上。然后放下大腿，重复10次。然后左侧卧，在另一侧做同样动作10次。这节操能使大腿和臀部减肥。

Step3

转腿：坐在地上，屈膝，脚绷紧，脚掌尽量靠近大腿。手掌从后面撑地，在该姿势下缓慢将双膝向左转和向右转，尽量触地。重复10~20次。这节操能使臀部减肥。

Step4

用臀部行走：坐在地毯上，膝盖伸直，手向前伸展，抬头，伸右手，并以臀部移动带动右腿，向前移动。然后用左手和左腿做同样的动作，这样向前移动两三次逐渐加大距离。可使臀部和腹部减肥。

Step5

半小桥仰卧：手臂沿上体伸直，手掌用力贴近大腿。开始数数，数 1 时膝盖向上拨，脚掌不离地；数 2 时大腿稍稍向上，用头和脚支撑，用力使臀部肌肉拉紧，手贴在大腿上；数 3 时大腿放下；数 4 时腿脚伸直，呼吸要均匀。重复 10~15 次。这节操能使臀部肌肉结实。经过一段时间的锻炼后，再做一些更复杂的锻炼。

Step6

持支架：趴在地上，双腿靠拢，抬头，挺背，稍屈双肘，撑地，快速向左转，同时使腿做立剪刀动作。用手掌撑地恢复原位，并使双腿靠拢。然后向左做同样动作。重复 5~10 次。不要屏住呼吸。刚开始做时显得复杂，要做得慢些，便全身参加活动。该节操能使臀部和大腿肌肉变得结实。

Office Lady 随时随地翘臀小技巧

现代白领每日都是坐在电脑前办公，久而久之臀部就会变得比较肥了。这样的情况在我们在试裤子时就会有尴尬了。

想让下半身更窈窕，最简单有效的方法，就是走路！

一般人不自觉地以惯用方式在“走”，用力不对，美就越来越遥远。重新开始“学走路”，不但会使腿部线条美，还可瘦身。

在办公室练习满脚走

练习走路不是用两腿的力量，而是先把重心放在小腿，再练习满脚走和顺着直线走，走路才会沉稳不轻浮。

所谓“满脚”并不是脚尖着地，而是整个脚掌都落地，脚尖前伸，加上用小腹的力量，让腿部出力减弱，用力在小腹，自然会挺胸，整个人会变得轻盈。这是在办公室里，你可以每天采用的方法。

利用上下班甩手大步走

上下班也是塑身瘦身的大好时机，每天有两趟上下班的时间，不拿来塑身太浪费。“走路塑身”别在乎有没有人看，这并不重要，如果练习得当，走得好看，自然有人盯着你瞧。

“甩手大步走”的好处在于可以瘦腰、瘦背、瘦臀，让手臂没有赘肉，也是最好的全身运动。

首先是收腹、抬头、挺胸、缩臀，步履尽量跨大，手要大幅甩动，做最大的运动，像阅兵的女兵走路法，只是腿不必踢正步。散步也可利用此法运动，如果甩手不挺胸，则像面条，软趴趴的，甩手又挺胸自然会帅气。

偷学明星的翘臀小诀窍

即使你很少穿短裙和紧身裤，但若臀部松垮无弹性，无论穿什么，下半身的比例也会尽失平衡。其实，别以为好臀形是拜天所赐，我们来看看几位世界级美臀明星，效法她们也能够让你在后天塑造出娇翘美臀。

运动美臀

有人说，要欣赏女人身形之美，只消看她上楼的背影就足够了。与静态相比，臀部的美丽更多在运动中散发出来。臀部的构成不光有脂肪和肌肉，还有主导人体运动的重要关节。因此，运动亦是最好的美臀方法。

运动美臀代表:珍妮弗·洛佩兹

如果你天生热爱运动,也有足够的时间,不妨效法珍妮弗·洛佩兹。据她的私人教练透露,她动人的曲线并非天生,直到30岁才修炼出魔鬼身材。

练成法:急运动跳跃、静运动深蹲

任何一种跳跃都会对提臀有帮助。练习的时候,以踢到臀部为每个动作完成的标准。

运动量小、随时随地都能做的深蹲运动也是运动美臀的不二法宝。

雕塑美臀

如果你天生不爱运动,身型娇小的澳洲歌星凯莉·米洛可以成为你效法的明星。她虽然身高仅1.55米,却连续两年登上“英国女性最想要拥有的身型”榜首,她的臀部被媒体称赞为“优美的水蜜桃”。

练成法：坚持不懈的按摩

据凯莉·米洛的密友透露，她每天要抹上各种产品，花上 1 小时做臀部按摩。这让凯莉的臀部始终保持超好弹性，看上去永远那么挺翘。

配合紧致、抗橘皮产品的按摩会让美臀速度加倍。高科技开发的美体产品在紧致肤质方面有明显效果。皮肤紧致了，臀部线条自然得到改观。

抹上紧致乳液后，将手掌贴在大腿根部为按摩起始位置，快速用力向臀部推压多余脂肪，反复做 30 下；然后双手抓捏臀部肌肉向上提拉，保持 3 分钟为结束。

Part 19. 秀出你的性感美脚丫

养护我们双手的时候，你有没有想到也养护一下我们的双脚?其实，我们更应该关注自己的脚部状况，因为往往越是容易被我们遗忘的地方越能表现出我们完美的地方。

美丽，你"足"够了吗

比起双手，我们对待脚的态度就显得过于冷落，寒冷的冬天厚厚的鞋袜将脚严严实实地包裹住。可是到了夏天的时候，你还能把脚藏在厚厚的棉袜和鞋子里面吗 ?

漂亮的凉鞋让你心动，但是买之前先想想，这双鞋在你脚上是锦上添花还是你的脚会把这双美丽的鞋给毁了，同时也把你那一直苦心经营的形象给毁了。

那么，如何打造一双令人艳羡的玉足呢?这个时候你就需要美脚产品的帮忙了。

死皮钳

死皮钳一般都用不锈钢材料制成，有剪刀型，也有钳子形。用指甲刀修剪

完趾甲后，即用死皮钳剪去趾甲旁边的死皮、肉刺，使脚趾显得美观整齐。

注意事项：使用死皮钳时应注意不可拉扯，应直接剪断，以免损伤趾皮，且不可剪得太深。

沙条

使用沙条能将剪好长短的趾甲，按先两侧后前端的顺序修磨成自己所需的形状。趾甲的形状通常有 6 种：方形、方圆形、椭圆形、尖形、圆形、喇叭形，利用沙条可根据自己的脚形随意选择适合自己的形状。

注意事项：使用沙条时，每次的用力不能太猛，尤其是趾甲两侧的修磨要特别精细。

脚锉

采用金刚砂制成的脚锉，把柄部分有设计独特的防滑和曲形手柄，握起来感觉很舒适。以打圈的方式轻轻刮去足部的硬茧或者鸡眼及周边的死皮，可使整个脚部皮肤表面变得柔软光滑。

注意事项：为达到最佳使用效果，建议在足部干爽时使用，使用后可用流动的清水清洗脚锉，以保证卫生存放。

磨脚石

在用脚锉去掉脚部最厚的死皮或硬茧后，脚部的皮肤可能是凹凸不平的，这时需使用磨脚石将这些部位打磨平滑。

注意事项：使用磨脚石磨脚时用力要适度，只需在皮肤不平的地方以划圈圈的动作打磨即可，用力过猛会使皮肤出血。

像明星一样呵护你的娇嫩玉足

当你换上漂亮的吊带裙，头发也认真打理过，再从鞋柜中取出新买的镶嵌着细碎宝石的细带凉鞋，兴高采烈地准备去赴约时，却发现：双脚粗糙干裂，后跟布满硬皮。没错，它们已经被你忽略太久了，于是它们也要对你还以颜色。夏日，足部细节能使你给人精致的感觉，足部护理绝对不可忽视，若还没有开始关注双足，那么，就从今天开始吧……

浸泡，再浸泡

在做一切清洁和诸如去角质的工作之前，必须要做的就是泡脚。泡脚时的水温以温热为好，这样做不仅能软化脚部的硬皮、趾甲软皮和厚茧，也有助于刺激脚底的穴道，促进血液循环。在泡脚的温水中，你可以加入一些足浴用的海盐。如果你是精油爱好者，则可以使用茶树、薄荷、乳香、迷迭香和丝柏进行足浴，每次 5 至 6 滴即可。每一种精油都会发挥它神奇的功效：茶树有杀菌的作用，长期使用能治疗脚气；薄荷能改善脚臭的问题；乳香能让你脚部粗糙的皮肤变得柔嫩起来；迷迭香帮助舒缓双足的压力；丝柏则能收敛毛孔，改善脚汗问题。因此，可能的话，建议天天泡脚。

清洁，再清洁

当你的双足浸泡了差不多 15 分钟之后，就可以用脚部磨砂膏做去除角质的工作，基本上一个星期一次就够了。在涂抹磨砂膏的同时，别忘记适当地用力按摩双脚几分钟，可以在清除角质的同时缓解脚部的疲劳，并让脚部的皮肤回复光彩。在脚跟、脚底等角质比较厚的地方，可以用浮石或磨脚板轻轻地磨去死皮，但切忌心急猛力硬磨，因为双脚泡过水后皮肤相对柔软脆弱，一不小

心，容易将周围的皮肤弄破。另外，也别忘记准备一把小刷子（常用的软毛牙刷也可），轻轻地把脚趾的方方面面、沟沟缝缝都刷干净。

保湿，再保湿

没错，你的双脚也同你的脸和双手一样需要保湿。很多脚部皮肤容易干裂的女生就是因为忽略了双脚的保湿工作。因此，在浸泡完双脚之后，一定要第一时间用毛巾擦干脚上的水分，这些小水珠在蒸发的时候会带走皮肤里的水分，而使皮肤变得干燥。然后，立即抹上脚部护理的乳液，并以打圈的方式轻轻按摩你的双脚。睡前，如果能为双足套上一双棉袜，坚持下来往，你的玉足梦想不久就会实现。

修整，再修整

如果你打算让你的双足在夏日里更加“出彩”，对脚趾的修整是必不可少的。首先用指甲剪将过长的趾甲剪去，长度不能太短，以与脚趾尖平行为好。如果趾甲边有软皮，可以用软皮甲油去除；对于肉刺，用软皮剪剪掉即可。上甲油时，分趾器非常好用，它能将你的五个脚趾撑开，互不干涉，让你更好地享受涂抹甲油的乐趣。

防晒，再防晒

当你回到家脱下穿了一天的细带凉鞋后，那些细带的印子便黑白分明地出现在你的脚背上了——紫外线对你一向忽略的双足所造成的伤害是一目了然的。完美的防晒应该是一个“从头到脚”的工作，来不得半点马虎。时刻记住紫外线是让皮肤加速老化的罪魁祸首，如果防晒不当，你的脚部也会出现细纹。

美容，再美容

目前，爱美的女生们喜欢把脚趾甲涂成与衣服鞋子相配的颜色来让自己变得更完美，“贴钻美甲”与“亮片美甲”不再是手的专利。而很多首饰也推出了适合脚部的饰品，可调整大小的脚趾戒指和精致的脚链都会给你的双足加分。除此之外，很多时髦的女生还会在出门前，在脚上涂上粉底液或扑上粉来强调脚部皮肤的嫩滑，而目前非常流行的香水混搭风，让双脚也美了一回。清淡的香水能让你的双脚给人以清爽美好的感觉，但不建议脚汗严重的女生使用香水，浓重的脚汗味与任何香水一起散发出来的味道都是会让人退避三舍的。

足部护理小贴士：

容易出脚汗，味道又超重的女生可以在办公桌下面放一双拖鞋，让你的脚在白天也有透气的机会。

脚部皮肤特别干燥的女生，可以在泡完脚后，用橄榄油适当按摩，然后用保鲜膜包裹后再用热毛巾敷上 10 分钟。

容易出脚汗的女生可以撒一些爽身粉在脚底或鞋子里，能有效地帮助吸收脚汗。

脚部肤色不均匀的女生，可以尝试做脚膜，也可以用一些美白产品来提亮暗沉的“脚色”。夏日吃剩的西瓜皮用来擦脚面，会使皮肤更加细腻，有光泽。

上甲油前，要先磨平趾甲平面，以免涂上甲油后产生“凹凸不平”的尴尬效果。

由《BJ 单身日记》女主角芮妮·齐薇格发明的 DIY 南瓜脚膜：

三两块南瓜放进微波炉转熟，放凉后加入一大勺橄榄油，捣成泥状均匀地抹在脚部，再用热毛巾包裹住双脚。懒得洗毛巾的人也可以用塑料薄膜代替，约 15 分钟即可。

简单 3 步练出脚部曲线：

反复活动脚腕，一手抓住脚背、转动脚踝数次，再用双手握住脚，由前往后搓揉按摩。由脚跟向脚心反复搓揉按摩直到脚部发热。对小腿进行按摩。先用一只手从下往上按摩，再从膝盖往下揉捏至脚踝。重复 5~6 次。

女人爱犯的四大美脚错误

忌穿小鞋子。经常穿小鞋不仅可能使脚部畸形，还会在脚后跟或脚掌处摩出硬皮，即使以后穿普通鞋也会有压痛感。时间长了还可能形成鸡眼，甚至导致脚趾或足底皮肤变形。

忌对脚部干燥不作处理。尤其是秋冬季节，脚底皮肤容易干燥蜕皮和龟裂。如果不作处理，脚部皮肤会进一步恶化，导致鸡眼或趾间皮肤变白、感染化脓。因此切不可小视脚部皮肤干燥。

忌不穿或少穿袜子。春夏季节，因水土或其他原因，很容易生出又痒又痛的足癣，轻者蜕皮，重者化脓奇痒。因为方便不穿袜子，不仅可能导致皮肤溃烂，还有可能将霉菌传染到身体其他部位。

忌不注意脚部按摩。若不注意，不仅有损于脚面皮肤的洁白细润，甚至会产生皮肤过敏等不良现象。为此可适当按摩或揉搓双腿和双足，以保持脚部正常状态。

爱高跟鞋，但也要注意你的足部健康

现在，楔跟、坡跟、粗跟等形形色色挑战高度极限的鞋子冲击着人们的眼球，而对于时尚分子而言，踩着潮尖的同时也潜藏着不少健康隐忧……

美丽高跟，足部的“过劳累”杀手

瑞典的一名科学家研究发现，穿高跟鞋会阻碍大脑中多巴胺的分泌，如果情况严重还会间接导致精神紊乱。

根据科学数据统计：人类在正常行走的情况下，每迈一步，足部都要承担相当于来自身体重量3~4倍的压力，每天每只脚要承受大约100吨的压力。经过一天的行走或是长时间站立疲惫后，脚部疲劳或病痛就会接踵而来。若不及时护理好足部，就有可能导致足部疾病。

足部经常被束缚在狭窄的高跟鞋内无法透气也不能舒展，从而导致了脚底肌肉发炎。此外，穿着高跟鞋使脚部承受过重的压力也是导致足底患病的众多的原因之一，它所呈现的症状就是站着时很容易就觉得脚底酸痛、疲倦而且伴有由浅到深的发热现象。

想要预防足底肌膜发炎的病发，应该尽量避免穿高跟鞋和太紧的鞋子，而且不要长时间站立，以免脚底受到强大压迫后肌肉无法放松，一直处于过度劳累的状态。

高跟鞋“杀手”榜中榜

某大牌走秀现场一模特穿着15厘米的高跟鞋，在回台时被意外绊倒，在她起身的时候忍不住抱怨了一句：“设计师为什么自己不来穿穿高跟鞋。”看看那些美丽时尚高跟鞋，让女人美丽的又束缚着女人，成为女人的“枷锁”，更埋下病患种种。

1.尖头高跟鞋

直指病症：槌头趾

鞋头尖尖的高跟鞋看起来似乎绚丽纷呈，但是穿起来就像是一个三角形的容器将方方正正的大脚趾轮廓固定在一个畸形空间里；若是长时间穿着必然会使脚趾弯曲从而造成槌头趾。槌头趾的主要症状就是趾头会经常疼痛，严重的话甚至会导致足骨脱臼。

特别支招：在选择高跟鞋时，尽可能选择圆头或方头的鞋子，这样就不会将脚趾紧紧地挤在一起。如果碰到实在是难以割舍的尖头高跟鞋，那就只能自己私下做好足部按摩和护理工作喽。

2.尖头薄底高跟鞋

直指病症：大脚趾外翻

由于大脚趾被过于拥挤的鞋尖造成了脚部挤压摩擦，从而导致的大脚趾严重变形。患病初期，足部只是轻微的疼痛；要是发炎的话，会有针刺般的阵痛。随着大脚趾加重变形，足部受力点分散不均，受力最重的脚掌就会生成疼痛性脚垫，第二趾也会压到大脚趾上翘起，从而造成大脚步趾外翻。这种足病如果不尽早医治，年老后足部的疼痛还会引起或加重膝关节、腰背部的疼痛，严重的还可能会引发双腿变形，形成罗圈腿。

特别支招：建议你最好选择柔软的皮革类高跟鞋，鞋头要宽，以便让脚趾有足够的活动空间可以伸展。

3.包裹严实的薄底高跟鞋

直指病症：鸡眼或死茧

鸡眼，就是脚底会出现一个个跟米粒般大小的“眼睛”。由于高跟鞋的长期压迫、过度摩擦脚部，而引起皮肤角质层变厚。鸡眼中间有一个深入皮肤内的坚硬核心，刺激此核心会有激烈的刺痛感。鞋底过薄容易加大足底与鞋底的摩擦，不仅会有鸡眼的隐患，还会有死茧生成。

特别支招：在穿高跟鞋时，最好选择脚面稍宽一点的鞋款，或是使用特殊结构的功能鞋垫来减轻脚底所承受的压力；应该经常给双脚一个透气的机会，不要总是捂在高跟鞋里。在家里的时候，不妨用 60℃~70℃的热水浸足，有助于增加局部血液循环。

4.超细高高跟鞋

直指病症：跖痛症

跖痛症，即前脚掌疼痛，它在各种疼痛中名列榜首。跖痛症多发生在第三四跖骨头之间的趾神经。经常穿那种鞋跟细高、鞋底却又很薄的高跟鞋，脚跖骨会长期受到压迫，跖骨头部位的损伤影响在通过该处的神经之后，会使之增粗，最终导致周围组织增生，从而引发神经炎或跖痛症。

特别支招：拒绝鞋跟过高的高跟鞋，在鞋跟的选择上最好在 2~4 厘米之间，而且要尽量避免太细的鞋跟，那样会增大足底的承受压力，间接地冲击波及到每根脚趾。

5.粗跟高跟鞋

直指病症：足底滑囊炎

经常穿鞋跟过粗的高跟鞋，容易增大脚后跟着地后的受力，时间一久，脚后跟会由于过度用力而导致肌肉组织疼痛不已。

特别支招：在鞋子的选择上，鞋跟的高度和粗细要适中。通过按摩或指压足尖至足跟，或赤足用脚尖在地板上行走，都可以很好地舒缓脚跟处的疲劳。

怎样才能健康、舒适地穿着高跟鞋

亦舒说："女人的堕落是从高跟鞋开始的。"

尽管面临种种隐患，但高跟鞋的魅力却是有增无减，就像所面对时髦高跟鞋里隐藏着的那种忧喜交加的痛楚，对常与高跟鞋为伍的 OL 一族们而言，选择一款舒适的高跟鞋才是上策。

鞋跟不要超过 6 厘米

合理的鞋跟高度最好不要超过 6 厘米，应该在 2~4 厘米之间，这个高度会令前后足负重各约 50%，会使足部感觉比较舒适；鞋跟如果过高，比如超过 7 厘米，前足的负重就会增多，可达体重的 80%以上，就会引起前足受力过重，从而导致脚部的不适与疼痛。

鞋底薄厚要适中

当高跟鞋的鞋底过薄时，来自于地面的冲击力会直接作用于脚底板并反射至整个脚部，会令脚底如针扎般疼痛难忍。舒适的鞋底面，可以自鞋跟中点垂直向前画直线，如果可以将鞋底面积平分，这样的鞋底才会使脚部的内外两侧受力均匀；反之，一侧会因为受力过重而导致脚底局部疼痛。理想的高跟鞋应该有结实而柔软的跟部支撑鞋底，十个脚趾可以在鞋里自由的活动，并有舒服的衬底和足够的内部空间。

鞋长鞋宽要规范

如果高跟鞋的鞋身长度或宽度严重不足时，就会对脚趾、脚底和脚面造成过度挤压和摩损，久而久之会使长期受力的脚部发生物理病变，要是还不能尽快意识到鞋子与脚的利害关系，就会引起一连串的的足部病症反应。鞋跟与足底凹陷处的弧度必须合脚，踝骨与脚尖不应该碰触到鞋子；前脚要有一定摆动的余地，而后跟却不能晃动。

此外，高跟鞋的重量每增加1克，对足部造成的负担相当于在人的脊背上增加几十克的重量；因此，选择一双尽可能轻巧的高跟鞋可以最大限度的方便行走。

足部护理的必备常识

我们一天一般走上8000至1万步，双足流的汗水，每天可装满半个杯子。不过，许多人都忽视足部健康，等到出现严重问题，或痛得无法步行，才去求医。

其实，只要多注意卫生，确保走路姿势正确，并购买适当的鞋子，大多足部问题都不会发生。

穿鞋步骤

先解开鞋带，穿鞋后把脚移后至后跟处，才缚鞋带。

避免在未解开鞋带前便穿鞋，除了容易弄伤脚部外，亦会令鞋容易耗损。

太紧或过松都容易引起厚茧等问题。

购鞋需知

人们应该在下午或傍晚买鞋，因为走了一整天，脚会稍微肿大。

许多人的脚会一大一小，如果不确定，最好买较大号的。买鞋的时候，应该站起来，甚至走动，因为站着的尺寸会比坐着大一号或半号。即使是新鞋，也应该穿得舒服，如果走起路来会痛，这表示这双鞋不适合你。

避免用穿惯的鞋码去选择尺码，因不同的鞋店或鞋款可能有不同的尺码准则，须穿上脚尝试才可作准。

内生甲(倒甲)须知

平剪脚甲，不可修圆，减少因剪伤两侧甲床而引起内生甲的机会。

避免穿着过紧的鞋或袜，减少因压迫两侧甲床而引起内生甲的机会。

小贴士：

你穿鞋爱出脚汗吗？你不妨试用市面上出售的一种防脚汗防脚臭的喷药剂。或者早上淋浴后使用一种药茶油，它可除脚臭味，或用除臭香皂洗脚也挺管用。

穿新高跟鞋走路，脚上容易起水疱。你可使用一种专门药用橡皮膏预防。倘若脚上已长了水疱，则千万别挑破，而贴上药用圆圈型的软垫膏就可避免再挤压。

如果鞋穿着不合适走路经常受压，脚掌就会长茧子。淋浴或是浴后，你可立即使用水果酸或细磨的浮石去茧子。倘若你的角质化的皮肤已经变得非常厚，行走受挤压而感到疼痛，就应将之锉去。但应特别小心，别挫伤皮肤。然后搽一点护肤霜，使皮肤保持柔软。

许多人都不知道自已有轻微的平底足问题，因此走路双足向内倾，长期导致拇趾囊肿胀等问题。如果有必要，可以定制特别的鞋子或鞋内垫，来减缓足部的疼痛或纠正走路的姿势。

Part 20. 注意细节保养，让你美到极致

女人想变美就应该注意细节处的保养。其实，只要我们多注重些身体的细节美化，美丽就在悄无声息中展现出来了。

对付唇部干燥的小诀窍

秋冬里，唇部似乎特别容易干燥，于是不断地喝水，不断地涂抹唇膏，可是效果远没有想象中完美，唇纹感觉越来越多，唇周也在松弛，整个唇部暗淡无光泽。

其实唇上的皮肤只有身体皮肤的 1/3 厚，而且它本身没有汗腺和皮脂腺，水分蒸发的速度比别处皮肤快 6 倍，所以对干燥空气尤其敏感。想保持唇的丰润饱满，简单的补水擦护唇膏当然不够。

按摩预防唇纹

唇干是唇部的第一大烦恼，而过分干燥的直接后遗症便是生成小细纹，这里就要用按摩来促进血液循环，达到滋润的效果。

1.处理横向皱纹

清洁双手和唇部后，先在嘴唇上涂一层薄薄的橄榄油。然后用大拇指和食指捏住上唇。食指不动，大拇指从嘴角向中心轻轻画圈揉按，然后逐渐返回嘴边，每做 6 个来回为一组，每次做 6 组。接下来，用食指和拇指捏住下唇，大拇指不动，轻动食指按摩下唇，反复做 6 组，可以减少或防止嘴唇上的横向皱纹。

2.处理纵向皱纹

可以用两手中指从嘴唇中心部位向两侧嘴角轻推，让嘴唇有被拉长的感觉。先上唇，后下唇，同样以 6 次为一组，每次做 6 组。按摩完用纸巾轻轻擦掉橄榄油，然后再搽润唇膏。

巧妙对付唇部起皮

1.蒸汽。假如双唇起皮，也不用太担心，可以采用蒸汽温和地对付它。用热蒸汽先对着唇部蒸3分钟，再用热毛巾敷1分钟左右，死皮就能“融化”掉，也能整理好细小的皱纹。

2.酒。酒具有软化角质的作用，所以可以温水兑酒后冲洗唇部，待唇软化后用毛巾抹干，再用牙刷擦去死皮。

3.磨砂膏。每月定期为双唇用一用磨砂膏，可磨掉老化的死皮，更新细胞。方法与脸部磨砂膏基本相同，可使用面部磨砂膏，不过用在唇上的磨砂膏颗粒应该是超微细型的，磨起来没有刺激感，每月四次。

护唇品不可乱用

1.坚持在睡前抹唇膏

在睡前沐浴后，唇部的血液循环很好，所以此时抹润唇膏效果最好。

2.避免使用粉质唇膏

嘴唇较干的人，应该避免使用“粉质”与“持久”型唇膏。这两种唇膏虽然已经加入保湿滋润成分，但还是会让某些体质较干燥的人觉得更干燥。

还有一点需要注意，润唇膏和唇彩都可以为双唇增色，但要记得使用不含香精和色素、含有天然酵母精华并具有水合作用的滋润唇膏。

3.不宜过多使用不脱色唇膏

不脱色唇膏内含有易挥发成分，而且，大部分不脱色唇膏都不含油，滋润性比其他唇膏要低。其实你可以在涂唇膏前，先涂一层润唇打底，然后用面巾纸抿一下吸取部分油脂，这样就能防止过多油融化唇膏降低不脱色功能。

牙齿美白的方法

牙齿美白已成为最受关注和欢迎的牙齿美容项目。可是，你知道吗？有些牙齿美白方法可能并不适合你。美白牙齿之前，我们应该先到有经验的牙

医那里去做一次全面的检查，由牙科医院医生给出美白方案，而不应该盲目购买美白产品或漂白牙齿。

超声洗牙

很多人因为吸烟、喝茶而在牙齿上留下烟渍、茶斑，这些不仅有碍美容，而且会引起很多口腔疾病。而洗牙对人体牙齿无害，并能去除牙齿上的污垢，真正起到了美容和健康的效果。

很多医院都有洗牙，但洗后的效果却差别很大。事实上，并不是所有的牙科医生都具备洗牙的资格，医生的手法和技术决定着洗牙的效果。所以在洗牙时对医院和医生的选择相当重要。

冷光美白

冷光美白比较快速轻松，只需 1 个小时牙齿就会变得洁白无瑕。不过在照冷光时，牙齿会有一点酸酸的感觉。

冷光美白的原理是将高强度蓝光通过特殊光学镜片作用于美白剂，使其快速产生氧化还原作用，去除牙齿表面及深层所附着的色素，达到美白效果。

烤瓷牙

烤瓷牙是近几年开展的一种高科技的镶牙方法。其方法是首先用高强度合金做成金属帽，在其表面烤上一层与天然牙色泽相近的瓷粉，最后粘结在牙齿上。

由于烤瓷牙表面细菌无法生存，因此不会出现蛀牙，这是它优于真牙之处。烤瓷牙可以保持 10 年甚至 20 年之久，缺点就是价格比较昂贵。

贴面法

贴面法是在韩国流行的一种牙齿美白法，很多韩国明星都用这种方法。贴面法需要先将牙齿表面稍稍磨去一点，然后将贴面用特殊的黏合剂贴在牙齿的外表面就 OK 啦。

注意事项：

无论是做完烤瓷牙，还是做完贴面，在这之后都要格外注意保护牙齿。太硬的东西是绝对不能吃的，一旦用力咬下去，就可能导致烤瓷牙和贴面的开裂。

家庭装漂白法

不想去齿科诊所的女生，可以买一盒家庭装漂白剂，自己在家里就可以DIY漂白牙齿，简单又好用。

1.准备牙套

事先准备一个全透明的牙套，牙套的形状和自己的牙齿是一模一样的。

2.涂美白剂

当觉得牙齿又开始变得黄黄的时候，只要将美白剂涂在牙套上，就可以自己动手美白牙齿啦。

3.戴上牙套

戴上牙套咬30~45分钟。这样每天2次坚持1~2个星期，牙齿就又会白回去了。

注意事项：

虽然这种漂白法的效果又快又好，而且效果也绝不输给冷光漂白。但是平时也要格外注意对牙齿的保养。

含色素的食物是美白牙齿的大敌，它会在牙齿的表面留下色素沉淀。因此为了拥有一口洁白无瑕的牙齿，应该尽量做到不抽烟，不喝咖啡，不吃含色素的食物。正确的生活饮食习惯是牙齿美白的第一步。

做一个唇齿生香的迷人女性

现在，口气的清新越来越成为评定一个女人是否迷人的重要因素。一个外表美丽的女人，若是有着令人难以忍受的口气，那她的评分也会大打折扣。

但是有的女性明明很注重口腔卫生，天天早晚都刷牙，但是就是无法消除

口气。这原因包括：便秘、饮食不当、肝功能不佳等，它们都是造成口气的原因。

情况严重的，当然应该及早救助医生，而症状比较轻的人则可以通过以下的方式来改善口气：

绿色饮料

绿色饮料是对抗口气的最佳方法，并且可以利用叶绿素作为漱口水，有助于口气清香。这种绿色饮料可以用小麦草、苜蓿芽汁及大麦草汁当做主要材料，每天来一杯叶绿素汁(一杯水、两汤匙叶绿素汁)，效果不错。

每天吃 250 毫克的维生素 C

吃维生素 C 可帮助恢复健康的牙龈及防止牙龈流血，并且排除口腔中过多的黏膜分泌物及废物(这些物质是导致口气的因素之一)。

清水

无论健康师、模特儿、明星或名媛都会建议你多饮清水。

苹果

早上第一件事吃一个苹果，保证胸中的闷气全消，是所有消除隔夜烟味方法中最有效的。

牙线剔除

用餐完后，刷刷牙齿、舌头，同时也使用牙线剔除牙缝里的肉屑、菜渣，清除牙缝的污垢。另外，最好每个月换新牙刷，防止牙刷上细菌的累积。

若上述的方法还不能解决口气问题，那么你的身体可能正发出健康问题的某种信号，此时就不是单纯的口气问题，而是需要好好到医院做检查了。发现健康的症结，再对症下药，就可以早日解脱口气之苦。

连耳朵都美丽

耳朵，常常是我们在做面部保养时最容易被遗忘的地方。但是，真正的美容达人，可是连耳朵都一定要变美丽的，只不过我们在为耳朵美容的同时千万不要走入美容的误区哦。

要耳朵变美，但也要保护好你的耳朵

对于时尚、爱美的人来说，扎耳洞早就像家常便饭一样平常了。在这些追求个性的年轻人当中，最流行的恐怕就是比谁扎的耳洞多了。

如果选择在不正规的地方扎洞，很容易造成感染。此外，一些“无痛穿耳”摊位出售的耳钉、耳环都是长期暴露在空气中的，上面的细菌量可想而知，这样的饰品不经过消毒直接戴在破损、流血的耳洞上，病毒和细菌自然容易侵入，极有可能造成感染甚至传染性疾病。

还有一点就是，过多的耳洞危险性非常大。人耳朵上的软骨非常脆弱，细菌就极易侵入，从而造成发炎、感染。

因此，扎耳洞一定要选择在耳垂上扎，并且到正规的医院用高压消毒的器具、由专业的医生来扎。

耳部按摩讲究手法

现在，在各种美容机构，有一种耳朵美容的方法，就是按摩。其按摩的手法，主要是对耳垂进行揉搓，沿着耳廓向上提或向下拉，把软骨向两耳内侧按压。另外，由于耳朵上的穴位很多，最常做的按摩就是沿着耳骨进行点压和按压。

不正确的耳部按摩对耳朵也可能造成伤害。比如，指甲会划伤耳廓和软骨，用力揉搓也会弄伤耳朵，特别是向内侧按压耳朵，稍用力过大就容易压迫鼓膜或造成软骨炎症。

这样搓耳朵美容养生

不少的养生学家以“五脏六腑，十二经脉有络于耳”的理论为指导。平时，如能坚持搓耳、捏耳，就可美容和养生。

1.搓耳

双手掌轻握双耳廓，先从前向后搓 49 次，再从后向前搓 49 次，使耳廓皮肤略有潮红，局部稍有烘热感为度，每日早、晚各 1 次。

若患某些慢性疾病，在搓耳之后，还应搓相应区域，如高血压患者，用拇指搓耳轮后沟，向下搓用力稍重，向上搓用力要轻；低血压者，用力的程度恰好相反而搓之。

2.捏耳

恰当地握动双耳垂，则能收到抗衰美容的效果，其重点是运用拇指、食指轻巧而有节奏地捏压耳垂的正中区域，每日 2~3 次，每次 1 分钟，持之以恒地做下去，既美容，又能增添双目的神采。

女人要美丽，脱毛不可少

每个人的皮肤类型都不同，但可以肯定的一点是，如果在腋窝、修长的美腿上长着长长毛发，那必然会使你完美的躯体大打折扣。所以，脱毛很重要，但是如何脱毛才又安全又有效呢？我们又应该选择怎么样的脱毛工具呢？

效果明显的脱毛膏

脱毛膏是一种很好的暂时脱毛法。在需要的部位挤上一些，稍等一会用竹片等硬物反方向刮除，体毛就会脱落。脱毛膏脱毛方便、无痛，但它不能像脱毛蜡那样将毛发连根拔起，所以效果大约只能维持一周。有些人对脱毛膏有过敏反应，所以在使用此法之前应事先做局部测试。

建议：为了彻底清除根部的细小汗毛，在冲洗脱毛膏之前可用软布轻轻擦拭脱毛部位。

不怕疼就用脱毛夹

用夹子拔后的毛细孔不明显，长出的毛也比较细柔，最适合毛量少、不怕痛的人。如果肌肤抵抗力较差，不妨使用一些抗生素，避免脱毛后红肿或感染。

建议：脱毛之前和之后要在脱毛的部位进行消毒。

轻松快捷的电动脱毛器

实用、快捷、长效，一般可维持 2~3 周的光洁干净，使用较方便。唯一的缺点是尽管已做过多次改良，但使用时还是有一点疼。

建议：脱毛前，戴上粗纤维手套按摩手臂或双腿，使汗毛立起。热水浴后 15 分钟开始脱毛。此时皮肤柔软，毛孔舒张，疼痛感会降至最低；也可在浴缸中泡上几袋马鞭草药茶，以减轻皮肤发红的症状。

快速的剃毛刀

剃除法是最经济方便的脱毛方法。剃刀不仅快速无痛，还能随时进行，剃毛刀也可重复使用。新一代剃毛刀可顺着体表起伏将体毛刮干净，减低除毛后毛渣残留的比例，不过要养成天天刮的习惯，否则长出一层黑色的小胡茬很不雅观。

建议：剃毛之前沐浴，体毛柔软。要经常检查剃刀是否锋利，以确保汗毛剔除干净。

干净利落的脱毛蜡

脱毛蜡的脱毛效果比较好，比较省事，但却有疼痛感。用脱毛蜡脱毛一定要一口气将脱毛蜡片撕去，效果才完整。

建议：要让蜡与肌肤紧密贴合，撕蜡时要逆着毛发生长的方向快速撕下，并用冷水清洗，拍上保湿镇静的弱酸性化妆水收敛毛孔。

一劳永逸的激光脱毛法

激光脱毛，实际上是通过适当的照射，让激光深入毛囊内，把汗毛连根烧掉，进而将毛囊破坏，达到体毛不再生长的目的。不过，由于毛发本身具有旺盛的再生能力，而且一次手术很难覆盖所有的体毛，所以会让小部分毛囊成了“漏网之鱼”。要想达到皮肤完全光洁的目的，通常需要4~5次的疗程。

建议：术前要挑选有丰富激光操作经验的医生；术后要精心保养、严格防晒。

不要疏忽保养的死角

护肤保养，你将你的全部目光都锁定在脸蛋上，却忽略许多美丽死角，这些死角你稍不注意就有可能让你的形象大受影响哦。

黑耳廓

从保养的态度来说，可不是眼不见为净。越是看不到的地方，越是要仔细保养，以防百密一疏。对于自己看不到的耳朵，你可能只记得清理耳屎，却忘了外露的耳廓。外露的耳廓，可能因为你的疏于护理，变成难看的黑耳廓，这样的你，可能成为细节“丑”女，侧脸杀手哦。

1.每天清洁：早晚洗脸别真的只是洗脸，耳后、耳廓以湿的毛巾轻轻拭擦，就能避免脏污堆积。

2.定期清洁：一个星期选一天，以沾湿的棉花棒仔细清洁耳后及耳廓，不让污垢有堆积的机会。

3.预防感染：有些人因为体质的关系，耳后经常会出现脱皮、红痒的现象，这是脂溢性皮肤炎的症状。除了找医生开药涂抹，平时使用洗发水的时候，不妨也清洗一下耳后，以减低感染几率。

长满痘痘的后背

长在后背、胸前的痘痘，因为平常看不到，拖延了治疗的时间，加上被衣物遮蔽不通风，很容易造成毛囊发炎的状况。红色痘痘、黑色痘痘布满前胸后背，就算身材再美，也与美丽无缘。

1.去角质清洁：洗澡时使用身体去角质产品或用身体刷做辅助，好好清洁双手难以触碰的后背。

2.消炎化妆水：市面上有针对痘痘肌肤设计的消炎化妆水，如含酒精、水杨酸等成分，可抑制油脂分泌，镇定收敛肌肤，可当日常保养使用。

两层晒痕

经过一个炎炎夏日的阳光洗礼，两肩由于穿吊带背心而出现的两层晒痕，但完美的肌肤，绝对不需要两层肩带来做陪衬，夏天没有做好防晒得来的教训，可是会留在身上很久很久哦。

1.美白去角质按摩：为了让晒痕早点消失，每天按摩可以帮助血液循环，促进新陈代谢;定期去角质可以让肤色均匀，美白效果吸收更好。

2.身体美白：不管是涂抹身体美白乳液，还是泡牛奶润白澡，所有可以让肌肤变得美白有光泽的方法，你都可以一试。

3.防晒：防晒是美白的第一步，而且还可以抵抗肌肤老化的脚步。

粗皱的关节

在选美风大盛时期，曾有人说过，要当选中国小姐，先看她的膝盖美不美。可想而知，一双美腿，中间嵌上两圈粗糙发黑的膝盖，多令人惋惜。你的身体保养有多彻底，来看看你的膝关节、肘关节就知道了。

1.定期去角质：经常活动、摩擦的关节部位，如果忽略了去角质保养，很容易堆积粗厚的角质，尤其在关节处堆积的角质，会呈颗粒状，看起来很像大象皮，确实不可不防。

2.按摩保湿：使用身体乳液轻轻按摩关节处，让血液循环，肌肤色泽变亮。

脚底厚茧+干裂脚跟

看看你的脚掌，如果蜡黄、粗硬的厚茧布满脚底，粗干、布满纹路的裂痕遍布脚跟。这些都是因为长期走路、穿高跟鞋，再加上没有用心保养、疏于照顾足部所累积下来的问题。

1.定期去角质：使用物理性的磨石来去角质，一个星期1次即可。帮助角质代谢，避免双足蜡黄、暗沉、产生厚茧。

2.穿合适的鞋子：长期穿过高或者鞋头过窄的鞋子，容易造成鞋子受力不当，过度摩擦产生厚茧。因此穿上符合人体工学、合脚的鞋子，也是脚部保养的一环。

3.避免过度摩擦：穿上袜子，适度保养足部避免过度摩擦。晚上进行足部保养时，涂抹乳液之后可以穿上厚厚的袜子，提高保养效果。

想变美，就要注意细节

女人想变美就应该注意细节处的保养。其实，只要我们多注重些日常生活中的“小”点，变美就是在悄无声息中进行了。

早晚两杯白开水

女人最简单的美容方法是早晚各一杯白开水。早上的一杯可以清洁肠道，补充夜间失去的水分。晚上的一杯则能保证一夜之间血液不至于因缺水而过于黏稠。要知道，血液黏稠会加快大脑的缺氧、色素的沉积，使衰老提前来临。

一杯酸奶

从补钙角度看，女人是最轻易缺钙的一个群体，而牛奶的补钙效果优于任何一种食物，尤其是酸奶，更容易被人体吸收，所以，女人应天天保证一杯酸奶。

一瓶矿泉水

一定是要名副其实的矿泉水，它含有的微量元素和矿物质是皮肤最需要的。清洗脸部后仰卧，用矿泉水浸湿一块干净的纱布，然后敷在脸上，待纱布变干后再次浸湿，如此反复，就等于给面部做了一次微量元素的营养补充。

一袋茶叶

女人一定要喝茶的，假如胃没有毛病，绿茶和乌龙茶最好。尤其是那些想要减肥的女性，茶是最天然、最有效的减肥剂，再没有什么比茶叶更能消除肠道脂肪的了。

一个简单的面膜

天天晚上临睡前，要做一个简单的面膜，其作用是将沉积在面部的脏东西消除出去，并且使皮肤作一次“紧绷运动”，然后涂上护肤品，这样，晚间的皮肤才能得到最科学的修复。

Part 21. 内服调养，让美丽由内而外

保养皮肤不仅仅是一个外表问题，更主要的从是内部调理代谢、循环，补充各种维生素，满足肌肤营养的需求。

排毒才能养颜

越来越多的毒素充斥着我们的生活，高脂肪食物、食物添加剂、饮食过于精致、作息不当、内分泌失调、过度劳累……如我们的身体已经受到这些毒素的影响，那么排毒便成为我们保养的重要步骤。

便秘，是摧毁美丽的杀手

“毒素”包括各种对健康不利的物质，既有外部环境带来的，也有身体产生的。中医认为体内湿、热、痰、火、食，积聚成“毒”，其中宿便的毒素是万病之源。

同样，西医也认为人体新陈代谢产生的废物和肠道内食物残渣腐败后的产物是体内毒素的主要来源。所以我们在改善环境的同时，有意识地选择一些排毒食物，并且坚持运动才是清除毒素的最正确的方法。

下面，我们来看看 13 种排毒明星食品，有便秘情况的女生一定要记得多吃：

1.魔芋：又名“鬼芋”，在中医上称为“蛇六谷”，是有名的“胃肠清道夫”、“血液净化剂”，能清除肠壁上的废物。

2.黑木耳：黑木耳含有的植物胶质有较强的吸附力，可吸附残留在人体消化系统内的杂质，清洁血液，经常食用还可以有效清除体内污染物质。

3.海带：海带中的褐藻酸能减慢肠道吸收放射性元素锶的速度，使锶排出体外，因而具有预防白血病的作用。此外，海带对进人体内的镉也有促排作用。

4. 猪血：猪血中的血浆蛋白被消化液中的酶分解后，会产生一种解毒和润

肠的物质。

5.苹果:苹果中的半乳糖荃酸有助于排毒,果胶则能避免食物在肠道内腐化。

6.草莓:含有多种有机酸、果胶和矿物质,能清洁肠胃,强固肝脏。

7.蜂蜜:自古就是排毒养颜的佳品,含有多种人体所需的氨基酸和维生素。常吃蜂蜜在排出毒素的同时,对防治心血管疾病和神经衰弱等症状也有一定效果。

8.糙米:是清洁大肠的“管道工”,当其通过肠道时会吸掉许多淤积物,最后将它们从体内排除。

9.芹菜:芹菜中含有的丰富纤维像提纯装置一样,可以过滤体内的废物。此外,芹菜还可以调节体内水分的平衡,改善睡眠。

10.苦瓜:苦味食品一般都具有解毒功能。对苦瓜的研究发现,其中有一种蛋白质能增加免疫细胞活性,清除体内有毒物质。尤其女性,多吃苦瓜还有利经的作用。

11.绿豆:绿豆味甘性凉,自古就是极有效的解毒剂,对重金属、农药以及各种食物中毒均有一定防治作用。

12.茶叶:茶叶中的茶多酚、多糖和维生素C都具有加快体内有毒物质排泄的作用。特别是普洱茶,研究发现普洱茶有助于杀死癌细胞。常坐在电脑旁的人坚持饮用还能防止电脑辐射对人体产生不良影响。

13.牛奶和豆制品:所含有的丰富钙质是有用的“毒素搬移工”。

食疗调养,又美又健康

在美容上,女明星们一直坚持多美容的汤水。事实上,煲汤的确是东方人养生美颜的绝妙良法,它不仅美容,还能养生。

在这里,为大家介绍几款制作简单的滋补汤。

香菇鸡汤

香菇富含多种氨基酸和维生素,并且含有普通蔬菜缺乏的麦淄醇,延缓衰

老的同时，还能软化老废的角质层，改善因日晒引起的肌肤老化。

煲汤原料：

鸡、香菇、香葱、盐适量。

制作过程：

把鸡洗干净，然后，在开锅时把葱放进去。

整鸡放入冷水锅中，香菇也在洗干净后放入锅内，用温火熬三四个小时。

最后根据自己口味放味精、盐等调料。

鲫鱼汤

鲫鱼含有全面而优质的蛋白质，对肌肤的弹力纤维构成能起到很好的强化作用。尤其对压力、睡眠不足等精神因素导致的早期皱纹，有奇特的缓解功效。

煲汤原料：

鲫鱼、胡椒粒、姜、葱、盐适量，鸡精适量。

制作过程：

将鲫鱼剖腹后，清洗干净待用。

把鲫鱼放置3成热的油中过油，以去除鲫鱼的腥味。

加入适量的水和调料，用小火清炖40分钟。

冬瓜汤

冬瓜富含丰富的维生素C，对肌肤能起到良好的滋润效果。经常食用，可以有效抵抗初期皱纹的生成，令肌肤柔嫩光滑。

煲汤原料：

冬瓜、五花肉、葱、生粉少许，盐适量，味精适量。

制作过程：

将冬瓜去皮并清洗干净，切成小方块待用。

把剁碎后的五花肉，加入盐与生粉，捏成肉丸。

先将肉丸和葱等调料放置锅中，并加入适量的净水用小火焖煮。

20分钟后再将冬瓜放入，小火煮15分钟盛出即可。

猪蹄汤

猪蹄中含有大量胶原蛋白，在烹饪过程中转化为明胶。明胶特有的网状结构能有效改善肌肤组织细胞的储水功能，使肌肤细胞保持滋润，明显减轻已有的皱纹。

煲汤原料：

猪蹄、黄豆、香葱、盐适量，鸡精适量，党参、米酒少量。

制作过程：

需将黄豆提前浸泡 3 小时。

猪蹄洗净后，切成大小适中的块待用。

将洗净的猪蹄放入沸水中，过水 5 秒后捞出。

倒掉沸水，将猪蹄、黄豆和所有原料置于新水中，用小火炖4小时即可。

刀豆鸽肉汤

鸽肉含丰富的血红蛋白，蛋白质含量比猪肉高9.5%，脂肪含量甚低，营养作用优于鸡肉，且比鸡易消化吸收。中医认为它还对用脑过度、神经衰弱的恢复也有明显疗效。

煲汤原料：

鸽子、刀豆、山药、酒、盐。

制作过程：

先将鸽子去内脏洗净，用开水氽烫滤去血水，放入炖锅中，将鸽肉煮酥。

然后刀豆去蒂洗净，山药刨皮切片，加入锅中再煮20分钟，加调料再煮开即可食用。

海参羊肉淡菜汤

淡菜含丰富的人体必需脂肪酸，能促进机体发育，保养皮肤，还有降低胆固醇的作用。

羊肉性热，温中暖身，补虚益气。羊肉中的脂肪含量仅有猪肉的1/2，因而不必担心因摄入过多而引起肥胖。

海参为“海味八珍”之一，富含蛋白质、氨基酸、维生素、微量元素，胆固醇含量几乎为零，常食海参不仅能驻颜美容、抗衰老，还可增强机体免疫力。

煲汤原料：

海参、淡菜、羊肉、葱、姜、红枣、酒、盐。

制作过程：

羊肉洗净，用热水余过后切片。

浸泡后的海参洗净泥沙切片。

淡菜若为干品可先用黄酒浸泡2小时。

煮时将羊肉、海参、淡菜放入锅中，加调料同煮数小时，至肉酥汤浓，即可食用。

服用美妆品，让美丽渗出来

美丽的打造也需要兼顾身体内部的调理，现在市场上常常可以看见不少口服的美妆品它们从一定程度上能有效改变肌肤的状态。

什么是口服美妆品

所谓口服美妆品（Nutri-cosmetics），顾名思义，即营养(nutri)与美妆品(cosmetics)的结合。

口服美妆品在欧美和日本已经风行十数年，成为诸多好莱坞明星还有普通女性随身手袋里心照不宣的小秘密。无论是《绝望主妇》中年过四十却如少女般美貌的 Susan Mayer，还是越来越火辣性感的 Madonna，都是口服美妆品的忠实拥趸。

除了明星效应，其实口服美妆品之所以如此风行，和现代人的繁忙生活也有密不可分的联系，方便服用的口服品让肌肤可以随时随地得到更贴心的呵护。

口服美妆品利弊大解密

1.活力补给站——Q10

美肌机制：补充Q10就像给肌肤增加胃动力、活化细胞、令肌肤更加紧致水嫩，是初期抗衰的不二之选。

小提示：可饮用的辅酶Q10呈鲜黄偏橘色，与木瓜、胡萝卜颜色颇似。若是液体呈淡鹅黄色，代表辅酶Q10的浓度低；开封后的辅酶Q10产品颜色也会因氧化而逐渐变淡。

2.既美味又美白——维生素C

美肌机制：维C是维生素族群中最为爱美达人所熟知的一种，属于水溶性维生素。

小提示：维生素C通常有片剂和饮料两种形式。饮料为顾及口感，维生素C的含量相当有限，经过消化代谢，美肌效果微乎其微，因此以选择片剂为佳。

3 抗氧化高手——葡萄子

美肌机制：葡萄子具有比维生素C及维生素E更优异的抗氧化能力，能抵抗自由基对人体细胞的破坏。而人体并不能自行制造葡萄子，因此通过口服进行补充。

小提示：葡萄子属水溶性，要注意避免与蛋白质类成分一起服用，因为葡萄子和蛋白质有很强的亲合力，抗氧化功效会被预支掉。另外葡萄子会令精神振奋，所以不要睡前服用。

4 美肌纤体的全方位元素——氨基酸

美肌机制：氨基酸具有营养纤体和保养美颜的两大功效，既能带来匀称好身材，亦能帮助肌肤回复水嫩紧实，锁住润泽的弹力。

小提示：运动前补充氨基酸可以帮助燃烧掉更多脂肪，让运动紧实的效果更明显；睡前补充大量复合氨基酸，则是日本正当红的睡眠减重法。

5.肌肤加分，健康加码——酵素

美肌机制：酵素担任维持身体活力、新陈代谢的工作，它能促进身体对营养素的吸收，令暗沉肌肤重新焕发红润气色。

小提示：摄取酵素后，排尿次数增加，颜色较浓郁都属正常现象。

6.时光回溯高手——胶原蛋白

美肌机制：25 岁以后，体内的胶原蛋白逐渐流失，肌肤便会失去弹性并变薄老化，出现皱纹、松弛。补充胶原蛋白能增加肌肤的保湿能及柔软性，对于受紫外线的肌肤也有不错的修复力。

小提示：虽说猪蹄之类的食物也富含胶原蛋白，但这类美味热量与胆固醇皆高，如果想摄取到足够的胶原蛋白，一天怕是要生生吃下五公斤猪蹄才够。既想要美肌，又在意卡路里的话，通过口服美妆品补充胶原蛋白是很好的替代方案。

14 种食物，让你由内到外美翻天

爱美之心，人皆有之。在日常生活中，怎样才能让自己更美?那就要依靠以下的 14 种食物了，绝对让你由内而外美翻天!

鱼肉

要想拥有年轻、紧绷的皮肤，没什么比吃鱼肉更有效了。鱼肉中含有一种神奇的化学物质，这种物质能作用于表皮下的肌肉，使肌肉更加紧致，表皮也就自然紧绷而富有弹性了。

营养专家认为，只要每天吃 100~200 克的鱼肉，一星期之内你就可以感受到面部，颈部肌肉的明显改善。

牛肉

给你好脸色。牛肉中含有大量的锌元素，它可以保持皮肤的油脂平衡，加速皮肤的新陈代谢，让你拥有亮丽的肤色。每天吃250克的牛肉就可以为你补充15毫克的锌元素，这就基本满足了人体每日的需要了。吃牛肉的时候别忘了搭配一些洋葱，洋葱中含有大多数蔬菜中的几乎所有营养成分。如维生素C、钙、磷、铁等，此外洋葱还含有栎精，这种成分可以减轻眼睛的鼻子周围的皮肤发红或浮肿状况。

鸡肉

让秀发亮起来。充满光泽的秀发让你看起来更年轻，而且充满了健康的魅力。要头发健康就不能不给头发足够的营养。怎样给你的头发补充营养呢?吃鸡肉吧! 鸡肉中有一种叫蛋氨酸的物质，对头发，皮肤和指甲的健康都很重要。如果缺少它，头发就会变得脆弱，容易分叉，没有光泽。所以，要想获得健康的秀发，每周至少应该吃3次鸡肉。除了鸡肉，玉米、麦片甚至巧克力也有同样的功效。

杏仁

粉红色，光亮又坚硬的指甲才是健康而好看的指甲。每天吃两把杏仁，你就会得到身体所需的维生素E。维生素E被称作细胞膜的“秘密武器”，通过修复，巩固细胞壁，它能使指甲变得坚韧而富有光泽。此外维生素E也被证明有抗衰老、提高免疫力等功效。所以不要小看你的零食哦。

苹果

所有的人都坚持每天吃一个苹果，全世界的牙医就该全失业了。其原因在于，富含纤维的水果需要更多的时间来咀嚼，在咀嚼的过程中你会分泌大量的唾液，而唾液是牙齿最好的保护神，它能防止蛀牙，并且使细菌无法附着在牙齿上，从而令牙齿更容易长期地保持清洁。此外，研究人员还在唾液里还发现了大量的矿物元素，这些成分可以修复早期蛀牙。

鸡蛋

如果你要晒太阳，除了搽上防晒霜之外，不妨再吃点鸡蛋。鸡蛋含有大量的硒元素，它的作用就是在你的脸上构筑一个自然的“防晒保护层”。爱美的你一定知道太阳光是皮肤衰老的重要原因，因为紫外线会破坏细胞结构，使肌肤快速衰老，所以给自己的皮肤构筑一个这样的天然保护层是非常重要的。不要以为只有夏天才需要防晒，或者只有怕晒黑才要防晒，防晒是任何爱美的女性随时随地都要做足的功课。此外，鸡蛋中的硒元素还可以降低你患上皮肤癌的几率。所以，要保护好你的皮肤，每天你应该吃个鸡蛋，或者服用硒元素片剂。

红薯和它的叶子

红薯所含的纤维质松软易消化，可促进肠胃蠕动，有助排便。最好的吃法是烤红薯，而且连皮一起烤、一起吃掉，味道爽口甜美。

红薯叶同样也是美容佳品。它纤维质地柔细、不苦涩，容易有饱足感，又能促进胃肠蠕动、预防便秘。把新鲜红薯叶洗净后用开水烫熟捞起，与剁碎的大蒜及少许盐、油拌匀，就是一道美味爽口的蒜拌红薯叶！

绿豆和红豆

绿豆具清热解毒、除湿利尿、消暑解渴的功效，多喝绿豆汤有利于排毒、消肿，不过煮的时间不宜过长，以免有机酸、维生素受到破坏而降低作用。

红豆可增加肠胃蠕动，减少便秘，促进排尿。可在睡前将红豆用电锅炖煮浸泡一段时间，隔天将无糖的红豆汤水当开水喝，能有效促进排毒。

燕麦

燕麦能滑肠通便，促使粪便体积变大、水分增加，配合纤维促进肠胃蠕动，发挥通便排毒的作用。将蒸熟的燕麦打成汁当做饮料来喝是不错的选择，搅打时也可加入其他食材，如苹果、葡萄干，营养又能促进排便！

薏仁(薏米)

薏仁可促进体内血液循环、水分代谢,发挥利尿消肿的效果,有助于改善水肿型肥胖。薏仁水还是肌肤美白的天然保养品。

胡萝卜

新鲜的胡萝卜排毒效果比较好,因为它能清热解毒,润肠通便,打成汁再加上蜂蜜、柠檬汁,既好喝又解渴,也有利排毒。

山药

山药可整顿消化系统,减少皮下脂肪沉积,避免肥胖,且增加人体免疫力。山药以生食排毒效果最好,有健胃整肠的功能。

白萝卜和它的叶子

萝卜有很好的利尿效果,所含的纤维素也可促进排便,利于减肥。如果想利用萝卜来排毒,则适合生食,建议可打成汁或以凉拌、腌渍的方式来食用。

萝卜叶含有丰富的维生素和纤维质,有促进食欲、活泼肠道的作用,也能改善便秘。

酸奶

酸奶含有大量丰富的乳酸菌,可改善便秘、稳定肠胃。原本积除在肠道的毒素,也会因为乳酸菌的作用,而变得容易排出。

日常饮食排毒养颜小诀窍

很多人都大概知道毒素积聚会引起疾病、应该排毒,却不知道怎样的排毒方法才是最好的?下面给出几个小建议供你参考。

助肝排毒

肝脏是重要的解毒器官，各种毒素经过肝脏的一系列化学反应后，变成无毒或低毒物质。我们在日常饮食中可以多食用胡萝卜、大蒜、葡萄、无花果等来帮助肝脏排毒。

助肾排毒

肾脏是排毒的重要器官，它过滤血液中的毒素和蛋白质分解后产生的废料，并通过尿液排出体外。

黄瓜、樱桃等蔬果有助于肾脏排毒。

润肠排毒

肠道可以迅速排除毒素，但是如果消化不良，就会造成毒素停留在肠道，被重新吸收，给健康造成巨大危害。

魔芋、黑木耳、海带、猪血、苹果、草莓、蜂蜜、糙米等众多食物都能帮助消化系统排毒。

睡出来的排毒养颜全攻略

拜伦说过："早睡早起最能使美丽的脸鲜艳，并降低胭脂的价钱——至少几个冬天。"医学研究表明，人表皮细胞的新陈代谢最活跃的时间是从午夜至清晨2时，而熬夜是最能毁容的，因为彻夜不眠将影响细胞再生的速度，导致肌肤老化，这种恐怖的后果会直接反映在女士们的脸庞上。因此女士们如想保持自己脸部皮肤好，务必养成在午夜12时前入睡的习惯。

下面我们来看看专家建议的睡眠排毒时刻：

21:00—23:00 免疫系统排毒。

23:00—凌晨1:00 肝部排毒（需熟睡）。

凌晨1:00—3:00 大肠排毒。

早上 7:00—9:00 小肠大量吸收营养。

工作压力大，有时候尽管已经感到很疲倦了，但是就是睡不着或是睡不踏实怎么办？答案就是，睡前尽量放松自己，做好提高睡眠质量准备工作。下面给出几个提高睡眠质量的小方法：

沐浴

睡前沐浴会使体温自然升高，血液循环更加顺畅，血行速度和水压的促进，使全身的新陈代谢加快，使每一寸肌肤得到完全的放松。

特别推荐：沐浴的同时做一个补水的面膜，是对皮肤最好的呵护：

睡前照镜

睡前除了仔细洗脸和做些简单的脸部按摩外，还有一个妙方——多照镜子。对着镜子反复做出你自己认为最美好的表情——愉快的笑容，然后在欢乐的心境中入睡。美的表情将在你的大脑中留下印象，你就会成为真正的“睡美人”。

音乐+牛奶=睡眠的好伴侣

经过白天一整天的暴露，晚间的皮肤会特别疲劳。利用睡前的时间，聆听音乐，使自己沉浸于音乐所营造的宁静、柔美的意境，让精神及肌肤都得到音乐的抚慰，并会增加肌肤对保养品的吸收能力。在晨间，皮肤经过整夜充足的睡眠刚苏醒，放一曲由古筝、竹笛的乐音，清雅、明快，再配合按摩保养动作，可以活化肌肤细胞、让头脑清醒。

睡前喝一杯热牛奶，其丰富的钙质和色胺酸可以放松肌肉。

牛奶中含有两种催眠物质，这两种物质可以和中枢神经或末梢鸦片肽受体结合，使全身产生舒适感，有利于入睡和解除疲劳。牛奶对体虚而致神经衰弱者的催眠作用尤为明显。

小贴士：

要保证良好的睡眠，除了上面说到的牛奶、音乐之外，下面这些用具都可以帮助您有一个更好的睡眠：丝质或者是棉质的寝具、眼罩、耳塞和一个理想的室温。

Part 22. “穿”出来的青春

你是否总是穿着规规矩矩的套装，永远脱离不了黑白灰三种色彩，总是让人觉得没有新意，老气横秋？现在我们就改变这种印象，尝试最减龄的装着方式吧！

巧穿鲜艳果色，让熟女年轻不做作

看到街头的那些美少你是否女总是很羡慕，为什么她们看起来又年轻又活力，充满可爱的味道？原因很简单，因为她们懂得选择糖果色的可爱服装包装自己，所以想要比实际年龄看起来年轻的你，也可以尝试亮眼的糖果色。

长衫配七分裤总是很显瘦，黄色让你看起来粉嫩粉嫩的，红色的配饰与黄色碰撞出奇妙的火花，让你看起来时髦又可爱。

鲜艳的红色绝对可以在第一时间让你被注意到，紧身的设计加上紧身的牛仔裤，立刻让你的可爱透露丝丝的性感和柔和的女人味。

蓝色和红色的色块碰撞，让你看起来粉嫩的同时显得更加俏皮可爱，想要更加亮眼，就戴上鲜艳的项链去抢眼吧。

充满褶皱的裙子让你看起来很随性，而鲜艳的色彩能够让你看起来更加年轻，是追求舒适的选择。

如果你只有简单的T恤加短裤那也没关系，只要选择鲜艳的颜色就能让你像糖果般甜美粉嫩，戴上一顶帽子会更加时尚。

甜美装扮，让你年轻10岁

规规矩矩的套装永远脱离不了黑白灰三种色彩，虽不会出什么大的穿搭问题，但也总是让人觉得没有新意，老气横秋。现在我们就要改变这种印象，介绍七款当下最减龄的装着方式：

1.雪纺的长衫立刻让你年轻又甜美，超长的款式还是粗腰丰臀的的救星。配上短裤，充满活力立刻年轻几岁。

2.如果你不想打破常规仍然想要选择黑色的话也没有关系，你可以选择黑色的公主衫或者泡泡袖设计，就不会那么老气。下面用丝质的中裙，仍然保留了所需的职业感。

3.条纹的款式也能让你轻松显瘦，同时条纹还是活力小女生的爱用款，不过单穿会显得过于休闲，配上成熟的针织衫才是正确的选择。

4.单件的针织衫充满了女人味，加上内衬小短裙更是增添了柔美的味道以及甜美的年轻感，值得尝试。

5.经典的小洋装完全没有多余的修饰，显得简洁干练，而胸部下方系上的金色腰带，能够让你突出完美胸型的同时看起来更加年轻。

6.黑色针织衫加上牛仔裤，是很保守的穿法，虽然不至于出什么错误，但却容易让人觉得索然无味，戴上金色的夸张配饰，印象立刻大不同。

7. 白衬衫可能是的衣橱必备，但是过时的款式是不能体现白衬衫的优雅的，略长的款式带上公主衫的味道，才是正在流行的正确选择。

优质内衣，把女人的性感秀出来

内衣给了女人一年四季的贴身呵护。从传统的遮羞转变为时尚的代名词，目前市场上的内衣主要有三种：普通型、功能型和高档型。

普通型内衣

这种类型的内衣市场上比较多见，价格也比较低，主要是起到对乳房的保暖、保护、卫生等作用。

功能型内衣

这种类型的内衣十分强调内衣舒适性和功能性。穿不同功能的内衣，可以达到不同的目的。具有美体、塑身功能的内衣，能够对胸部曲线和形状起到很好的支撑和维护作用，协助女性达到理想的形象，弥补因怀孕哺乳等原因形成的缺憾。

高档型内衣

此种内衣无论设计、生产、材料均突出优雅、舒适、性感、迷人的特性，使优秀的女性显得独立、高雅、有品位而不夸张。从面料上来说，高档名牌内衣往往选用超细纤维、全蕾丝、含莱卡等进口面料，它们都是针对人的体型和皮肤的特点设计开发，具有透气性好、色泽度高、轻薄舒适、光滑无痕等特点；从材质来讲，高档内衣的内衬普遍采用透气棉、丝棉等材料，柔软贴身，透气性好并且结实耐穿，不易出现断裂现象。

优质塑身内衣的几大指标

首先，是裁剪。好塑身内衣的极佳伸缩弹性，如影随形地贴服修身，提臀平腹挺胸，总的原则是令脂肪呆在正确的位置，例如将流向胃部的脂肪推回到罩杯里以使胸围加大，将腹部多余的脂肪向下挑拨到臀部塑造平坦结实的腹部，将臀部脂肪往上提，使它看起来浑圆有弹力。

经外国研究，胸罩的钢托有可能令女性乳腺癌发生的机会增多，所以，真正高级的健康的塑身内衣，采用的是立体裁剪的方法，令胸部既可以立体地包容乳房，又可舍弃钢托，而令承托力不减。

其次，高档的塑身内衣会考虑用记忆合金的工艺，令塑身内衣穿用的时间尽可能延长。当穿用一段时间，体形变好后，会自动再“设计”出最适合改变后的形状尺码。所以优质塑身内衣的伸缩性和回弹力都非常好。

看鞋识女人

每双鞋子都代表一段生命的记忆，它们陪伴你经历人生最重要的阶段，或许是幸福一刻，或许是轻松时光。

菲律宾前第一夫人收藏了3000多双鞋；《欲望都市》的女主角 Carrie Bradshaw 因为狂购美鞋而入不敷出。20 世纪法国著名哲学家乔治·巴塔耶曾经奚落道，艺术家们对一幅毕加索作品的热爱，就好比物质崇拜者们对一双美鞋的热爱。

人们或多或少能从鞋子上获得一点乐趣，不论是在多么严苛的着装规则之下，你总能在鞋子上表现出一点自己的个性，这或许可以算是鞋子的主要魅力之一吧。

喜欢穿高跟包鞋的女子

个性成熟大方，喜欢思考，头脑聪明。在生活及工作上都相当尽责与努力，对周围的人事物要求会比较高，但是因为想要的东西太多，有时会因为无法满足而脾气不佳。

喜欢穿运动及休闲鞋的女性

表面上看来大而化之，容易相处，但是她非常会保护自己，警觉心很强。外表好像很容易和男生打成一片，其实她们都把这些男生当成同性朋友一般，反而对于心里喜欢的那一位，保持距离敬而远之。一般朋友比较难看出她的心事，在坚强的防卫之下，其实她有非常脆弱的情感。

喜欢穿凉鞋的女孩子

对自己相当有自信，喜欢将自己美好的一面表现出来。一般而言她的人缘不错，朋友也不少，对异性也很有兴趣。不过有时候会对男友要求较多，希望对方意见与自己一样，而且个性颇为固执，不易说服。

喜欢穿学生样式鞋的女孩子

造型简单鞋子的女子，个性单纯敏感，家庭教育严谨，容易压抑自己的情感。一般来说爸妈可能管得比较紧，或是学校、工作场所风气较为保守，所以平时言行比较内敛，但是这样的女子其实内心会想尝试一些冒险的经历。

喜欢穿短统靴子或长统马靴的女子

爱好自由，个性独立，不喜欢受拘束，勇于表现自己。一般来说这种女子不是外表出众，就是相当聪明有能力，容易成为异性倾慕的对象。

喜欢穿厚底鞋、造型特殊鞋子的女性

注意时尚并且追逐流行，喜欢成为大家注目的焦点，外表看来作风大胆，其实内心相当保守。她可能对自己本身不具备足够的信心，所以会希望成为流行的一分子，让人也注意到她的存在。

Part 23. 良好的心态让你的年龄 down down down

科学研究人员告诉我们，只要不断进行脑部训练、保持脑部活力，就能延缓大脑衰老，永葆着我们的青春。

好心态是青春的保鲜剂

从古代炼丹家苦心炼制长生不老药，到今天各种健身方法延缓衰老，世世代代，人们都在寻求永葆青春的绝招。英国的神经学家经过多年研究，总结出了人类永葆青春活力、延缓脑部衰老的七大秘诀。

秘诀一：有氧适能，经常进行有氧锻炼，保持大脑供氧充足。

秘诀二：一份能激起活力的工作。

秘诀三：接受良好的教育和不断求知的欲望，保持思想开放。

秘诀四：最小的压力，轻松生活。

秘诀五：有朋友相伴和良好的社交关系。

秘诀六：良好的食欲，多吃鱼类、水果和蔬菜。

秘诀七：始终认为自己还很年轻心态。

只要遵循这七点，即便年纪再大，你也始终能保持头脑敏锐、充满活力。研究人员还特别强调，年轻而乐观的心态非常重要。“如果你自己都认为已经老了，那又怎么可能看起来年轻呢？”

最后，研究人员还提出了几种在家里就可以进行的脑部训练方法，希望永葆青春的你，不妨试一试吧。

1.时不时想想未来该干些什么，多勾勒脑图。

2.如果想要自己记住些什么，不要记在便签上，强迫自己用脑子记。

3.阅读报纸杂志时，首先浏览所有内容，脑中形成整份报纸的粗略印象，再挑选感兴趣的细读。

4.面对一件复杂的事，不要感到头疼。分成小任务，一点点完成。

5.养成爱做纵横字谜、猜谜语的好习惯。

6.多玩电脑游戏,增强手脑配合。

7.不断尝试新鲜事物,不要总在某个特定时间做同样的事。

8.试着去接受比自己年轻的人的观点、行为,保持思想开放。

轻松应对“年龄恐惧症”

一些年过30的白领女性,因各种原因,对自己年龄渐大、事业未成的境况产生的悲观、消极情绪,就是所谓的白领“年龄恐惧症”。面对“年龄恐惧症”我们应该怎么做才好呢呢?

应学会提升自我修养

当青春渐逝,不少女性对自己的将来产生了危机感。其实,这样的恐慌大多由内心的不自信而导致。

面对这种情况,最好的办法就是通过学习,提升自己的知识修养等“内功”。

步入中年,更应学会调整心态

中年女性在社会上承担着巨大的压力,往往会幻想自己离开竞争激烈的职场和嗷嗷待哺的婴孩,回到童年,或者回到宁静的小山村。但是现实毕竟是现实,人能逃到哪去呢?于是中年女性只好跌入情绪低落、状态萎靡的怪圈。

对待这种情况,瑞士心理学家认为,人在中年后要重新调整自己的方向,逐渐由关注身外之物变为更多地关注自己的心灵,逐渐领悟到人生的智慧,这样才能减轻心理压力,顺利地度过“中年危机”。

成功并不只属于年轻人

有些中年女性有时候会在偶尔失败的时候感叹自己“老了,没有以前能干了”。其实,成功在什么年龄都是可能的,只是我们可能在潜意识里是想给自己找到托词,找到一种合理化的理由。所以,大家需要正视年龄问题,而不能总用一些合理化的说法来给自己的逃避找理由。

好习惯，让你永远 18 岁

任时光流逝，你却像在保鲜箱中生活一样，依然年轻貌美、精力充沛，这是女性们都梦寐以求的事。美国心理学临床专家指出，只要改变一些“小”习惯，就能轻松“永驻青春”。

坐直了

坐姿良好的人比起那些懒散、含胸驼背或身子倒向一边者，看上去更自信，也更有朝气。正确坐姿还可以预防肌肉、关节疼痛，减少肩颈部肌肉紧张从而缓解头痛。

体态欠佳者可通过练习瑜伽或普拉提来改善。这能增强腹部、骨盆、尾骨等部位的肌肉，使上身轻松挺直。

如果没时间练，不妨每隔 1 小时抻拉一下身体：双脚触地，肩膀和下颚放松，双手置于大腿上；慢慢地将肩膀向后背伸展，挤压肩胛骨，保持 5 秒钟。每回抻拉三四次即可。

每周至少有 3 次愉快的性生活

研究证实，性生活较频繁(每周 3 次左右)的中年人比其他“无性”同龄人，看起来要年轻 12 岁。因为前者皱纹少，皮肤更为光滑细腻。研究人员表示，在性生活过程中，大脑会分泌一种激素。它能减轻压力，使“时光倒转”。此外，愉悦的性生活，能让人睡得更香甜，皮肤自然也更白皙光洁。

描眉

拥有两弯黛眉使人显得更年轻。眉毛稀薄，无法凸现个人特征，就算少年也会失去青春气息。

要修出好眉毛并不难。首先，在眉毛稀疏处用深色眉笔涂抹，营造出浓密的感觉。然后用手指将颜色抹开，使其更自然。关键是要遵从自然眉型勾描，别把眉峰画得太高，不然整张脸会充满怒气。

涂脂抹粉加染发

用高光粉底勾勒出脸部轮廓，稍稍抹点胭脂；给头发染个时髦的颜色，人顿时能换个模样。

及时买合身的新内衣

女性都知道，胸部会随年龄增长而下垂，可很少有人会想办法来掩盖。好的内衣能让女性有充实、被保护的感觉。

当体重出现明显增加或减轻时，应及时测量胸围，更换内衣尺码。

美化双手

指甲上亮晶晶的装饰品，或手指上小巧的戒指，都会转移人们的注意力，从而忽略手部皱纹或斑点。英国的一项研究发现，49%的受访者认为，精心修饰双手的女性看起来更年轻。

戒烟

吸烟者的眼、嘴部会提前出现大量皱纹，脸色也更灰暗。

皮肤病学临床专家指出，戒烟没有早晚之说。即使是多年的瘾君子，一旦戒烟，身体仍能修复之前造成的损伤，肤色会有明显改善，皮肤状况也会焕然一新。

愉快地笑出来

人们习惯把呆滞、无力的微笑，看作是“年老”的征兆，蜡黄的牙齿从唇间露出，僵硬的嘴角边是条条细纹，缺点也在瞬间被无限放大。然而，如果是发自肺腑地开怀大笑，其真诚会感染周围的人，甚至还能抹去额头的年龄标签。

女人生活别太焦虑

生存焦虑已经越来越多地出现在现代女性中。适当的焦虑可以给我们动力，但焦虑过度或者时间过长，则会使生活乃至生命的质量下降。

成功因为敢于失败

任何一个人，都可能遭遇或多或少的挫折、经历或大或小的失败，如果我们只允许自己成功，那么无异于对自己下了一个非理性的命令，让自己对抗生活的自然法则。这么做的结果，只能平添我们内心的无助感。相反，如果我们把犯错误或者品尝失败的权利还给自己时，我们会发现：其实除了我们自己，没有人要求我们必须十全十美，永远成功。事实上，成功的唯一秘诀是：敢于失败。

平常心即是生活之“道”

心理学家指出，凡是人，都有五种基本的需求：生理需求、安全需要、归属与爱的需要、尊重需要和自我实现的需要。

无论哪一个层次的需要，都是健康心灵的正常反映，越是能够坦然接受并且积极满足他们，我们越能获得力量，越能真实而自在的生活。

心理压力大，皮肤很受伤

人无时无刻不存在于心理压力之中，事业、家庭、人际关系以及情感、生活，心理压力在人的生活中扮演着一个“无声杀手”的角色，可能你并不知道你所承受的心理压力达到的程度，但你的皮肤却可以清楚地告诉你：你的压力太大，这让它很爱你！

疱疹

心理压力使身体的抵抗力降低，这样一来，免疫系统的防线就不那么牢固了。你将很可能会因此感染上水疱和生殖器疱疹。

皱纹

焦虑消耗了许多生命活动所需的营养，使细胞活动和新陈代谢速度减慢，皮肤就会表现出灰暗和缺乏弹性，皱纹也就更容易显露出来。有时，在心理压力状态下的皱眉和肌肉紧张也会加速皱纹的产生。

粉刺

心理压力促进了皮脂腺的活动，使皮肤出油，促进了粉刺的产生。

体重减轻或增加

理压力会改变你的食欲，在心理压力状态下，有的人体重会增加，而有的人却会减轻。

湿疹

心理压力本身并不会使皮肤干燥、脱落，但它可以加重已经有的症状。比如心理压力之下的出汗不但会使湿疹更加严重，甚至还会导致脱皮、流脓、发红和发痒，有时还会扩散到皮肤表面上更大的领域。

脱发

受到精神创伤的人由于激素增加和血液循环中出现的问题，会使黑头发脱落。只有心理压力水平恢复正常时，头发才会重新生长。

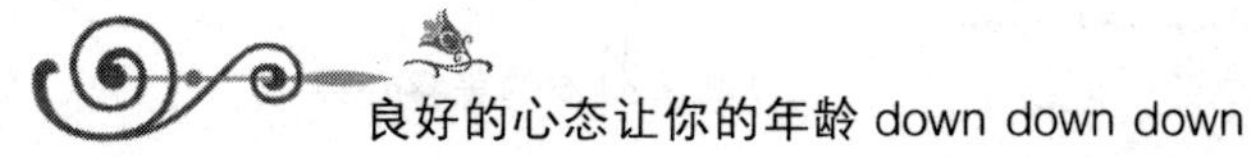

怎样才能有效地减轻心理压力

心理压力对身体不好、皮肤不好，对什么都不好。那么我们怎样才能有效的减轻心理压力呢?

下面就给大家介绍几种实用的减压小技巧：

情绪转移

人们在苦闷时，可以通过看书、看电影、参加体育活动、参加社交等方法转移注意力，以减轻心理压力。

让生活充满秩序

有秩序的生活会使你每天头脑清醒，心情舒畅。每天下班前整理好办公桌，定期清理电脑中的文件和电子邮件都是必要的。光是看见桌上堆满了报告、备忘录和要回的信就已足以让你产生混乱、紧张和忧虑的情绪。

保持平和的心境

不要时时感到倍受压力，是保持良好心境的关键。为此，你应该每天至少从事一种体育活动，时间不少于半小时；最好还能在家里开辟出一块能彻底不受打扰的地方，每天去那里呆上一刻钟，在让你开心的事情。这种短时间的充电对你的情绪会大有帮助。

坚持自己的价值观

一定要弄清楚自己最想要的到底是什么？金钱、富有刺激的生活、挑战的刺激还是不断超越自我？然后想想现在的工作能不能给你提供这些物质条件或精神上的感受。如果两者相去甚远，你就应该考虑变换一下工作了。

运用言语和想象放松

通过想象，训练思维“游逛”，如“蓝天白云下，我坐在平坦绿茵的草地上”，“我舒适地泡在浴缸里，听着优美的轻音乐”，在短时间内放松、休息，恢复精力，让自己得到精神小憩，你会觉得安详、宁静与平和。

想哭就哭

医学心理学家认为，哭能缓解压力。心理学家曾给一些成年人测验血压，然后按正常血压和高血压编成二组，分别询问他们是否哭泣过，结果87%的血压正常的人都说他们偶尔有过哭泣，而那些高血压患者却大多数回答说从不流泪。由此看来，将情感抒发出来要比深深埋在心里有益得多。

一读解千愁

在书的世界遨游时，一切忧愁悲伤便付诸脑后，烟消云散。读书可以使一个人在潜移默化中逐渐变得心胸开阔，气量豁达，不惧压力。

拥抱大树

在澳大利亚的一些公园里，每天早晨都会看到不少人拥抱大树。这是他们用来减轻心理压力的一种方法。据称：拥抱大树可以释放体内的快乐激素，令人精神爽朗。而与之对立的肾上腺素，即压抑激素则消失。

运动消气

法国出现了一种新兴的行业：运动消气中心。中心均有专业教练指导，教人们如何大喊大叫，扭毛巾，打枕头，捶沙发等，做一种运动量颇大的“减压消气操”。

看恐怖片

英国有专家建议，人们感到工作有压力，是源于他们对工作的责任感。此

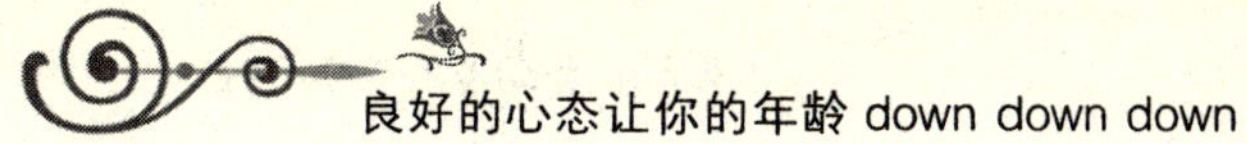

时他们需要的是鼓励,是打起精神。所以与其通过放松技巧来克服压力,倒不如激励自己去面对充满压力的情况,例如去看一场恐怖电影。

穿上称心的旧衣服

穿上一条平时心爱的旧裤子,再套一件宽松衫,你的心理压力不知不觉就会减轻。因为穿了很久的衣服会使人回忆起某一特定时空的感受,并深深地沉浸在缅怀过去如梦般的生活眷恋中,人的情绪也为之轻松起来。

Part 24. 个人气质+甜蜜笑容+美妙嗓音=不老美人

气质、笑容和美妙的嗓音，能让一个女人看起来妙不可言。这样的女人不但令人着迷，更有着无法言语的优雅气息。

4 种气质让你永远 18 岁

美丽是表象，可爱却在骨子里。

“人不是因为美丽而可爱，而是因为可爱才美丽”。那么，如何才能成为一个可爱的气质女人呢？

首先要学会充满自信

在这个处处充满竞争的社会，那种自怨自艾、柔弱无助的女人已日渐失去市场。男人不再是女人的主宰，女人也早已不是男人的附庸。“男人追求的极致是成功，女人追求的极致是幸福”的名言也日渐黯然失色。作为女人，学会自我拯救和自我完善永远是最重要的。

其次要学会高贵

女人的高贵并非指的是一定要出身豪门或者本身所处的地位如何显赫，这里的高贵是指心态上的高贵。男人最反感放荡轻浮、心态猥琐的女人。生活中男人可以是女人的护花使者，但女人本身要给男人提供一种信心。这种信心能让男人放心，并且乐意为你托付爱。

第三要善意通达

这里所说的善意不外乎指女人的温柔，但在这里把温柔改为善意更好。男人当然喜欢女人的温柔，因为女人的温柔能给男人的心灵取暖。然而，温柔有时候似乎又是一种没有原则的爱。一个女人对一个不值得托付温柔的男人付出爱，从某种程度上说是成全了男人的罪恶。

爱应该是有所节制的，而且应该是向善的。因此，好女人对男人只要心怀善意就行了。女人爱得泛滥，男人就不太懂得珍惜。在这个年代，男人不再习惯固定在一个小小的居室之中，这样女人更应该学会调适自己，不要一味地为情所困，以至让感情取代了生活的全部。

聪明乐观的女人往往能尝试着让自己的心灵变得通达起来，让爱在一种平淡中走向坚固和永恒。有些时候感情这事儿你放开来看，其实恰恰就是一种最好的把握。

打造适合你的独特气质美

合适的化妆

如果你下班后匆匆赶去参加一个酒会，因来不及化妆而素面朝天，身处衣香鬓影、环佩叮咚的氛围中，心中忐忑窘迫的你恐怕很难气定神闲、应付自如。素面朝天本身没有问题，有问题的是与环境的反差。

在今天，每位女性都在生活中扮演无数个角色，是选择素面朝天还是轻施粉黛抑或浓妆艳抹并不重要，最关键是要“合适”，能够与所处场景互相配合，即令自己充满自信，也显示出对他人的尊重态度，任何时候都会让人感觉舒服，如沐春风。

练就自己的招牌仪态

不知你是否留意过名人或者明星上镜时往往都有一些常用的姿势。像当年的戴安娜王妃，她微笑的时候经常微微低头，眼睛往上看，这就是她的招牌动作。那一低头的温柔，令无数世人为之心动。

不管是身体前倾认真倾听，还是眼神专注若有所思，每个女人都可以找到自己最美的角度，最具个性和美感的姿势。你可以对着镜子练习寻找，可以参考心仪偶像的举止，瑜伽、芭蕾等练习也可以助你拥有挺拔身姿和柔美线条。当不止一个人对你说“你这种姿态真美”时，你也许就成功了。当然，招牌仪态胜在自然，如果矫揉造作，让人感觉东施效颦，那就得不偿失了。

谈吐要得体

得体的谈吐就像优雅的首饰，为你的气质加分。很多方法可以帮助你达到这一点：你需要一点幽默，恰如其分的幽默，彰显着你的人生智慧；你也需要一些谈资，最新的资讯和大众话题会使你入时应景，你的独特爱好也可以为你制造话题焦点；而你和你的听众之间有效的互动，则是谈吐得体的关键。

永远保持年轻心态

你可曾担心随着年龄的增长，岁月的纹路会慢慢盘上你的容颜？可曾忧虑动人的魅力也将随青春逝去？不必灰心，虽然我们无法停歇岁月的脚步，却可令魅力常驻。

高雅的气质，往往能令人忽略岁月痕迹而依旧感受你身上所焕发的魅力，因为这种魅力更多源自内心的境界。容貌终会不再年轻，而保持心理上的“年轻态”，则是长久焕发气质美的良方。年轻的心态，有助于你接受新事物，令你的气质常葆青春的气息，仿佛有源活水绵延不绝。充满朝气的成熟之美，能让你摆脱年龄的困扰。

学会欣赏他人

电影《爱君如梦》中，帅哥舞蹈老师对“丑小鸭”女主角说：“知道吗？你是最好的！”这平常的一句话给“丑小鸭”带来了莫大的信心，使她最终成为了美丽的天鹅。发现他人的优点，并不吝赞美，这将使你身边产生一股强大的宽容、接纳的气场，令人们愿意走近你。

放下美丽，仍然美丽

工作着，是美丽的，就像一位倾心看护婴儿的产科护士，我们觉得她是如此圣洁，忘我和专注为她镀上了金辉；游戏着，是美丽的，一个在过山车上放声大叫的女孩，我们会觉得她是如此轻舞飞扬，肆意挥洒着青春。这时的她们，心中已经放下了美丽，却变得更加美丽。

容貌美是天生的，而气质美则是后天修炼的。如果以“美丽”自矜、自恋，或者

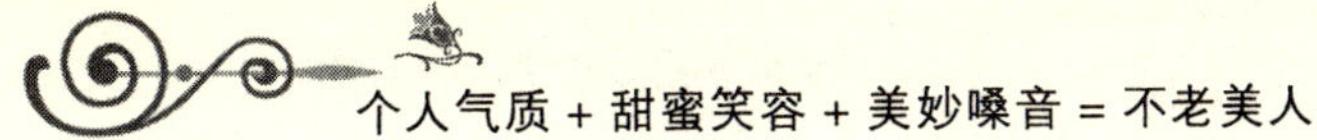

因“不美”而自卑、沮丧，“美”就成为了你心中难以释怀的包袱。一个心中多负累的人，怎么能轻松、自在呢？想要美，放下美，看似矛盾，却是有道理的禅机。

穿对色彩，提升自己的气质

西方曾有一位画家说过这样一句话：世界是美丽的，美丽缘于色彩。

然而，生活中你把多少色彩给了自己呢？黑色、灰色，深的、暗的……你的世界似乎总是暗淡无光，缺乏色彩。

事实上，这个世界从来不缺乏色彩，缺乏的只是对色彩的认识和运用。人们总是根据自己的喜好来判断：“我穿这种颜色的衣服挺好看。”或者很盲目地看见别人穿什么颜色好看自己就买什么颜色的服装，或者根据当季的流行来选择颜色。这往往使很多人走入了一个色彩的误区，错过了能使她们更漂亮的颜色。还有一些朋友经过自己若干年的尝试，找到了自己的色彩，但是同样也浪费了很多时间、金钱和精力。

美丽难道就真的这么难吗?当然不是!只要找到适合自己的色彩，美就变成了既轻松又简单的事。

或许你分不清楚场合与颜色搭配的关系，给你一些简单的定律做参考：

1.如果你希望有亲和力，你该让人们感觉你温暖而包容、亲切又令人安心。浅又带些黄的色系最能表达这种温柔舒适的感觉。我们也应多在家里的墙面使用这些颜色。

2.如果你希望展现活力，就必须给人充满动感与行动力的感觉。在所有颜色中，各式各样饱和的浅色最能够立刻跳进你的视线里，能让你的心情在不知不觉中也变得活泼与充满希望。所以，这类颜色常用在运动比赛及运动员的服装上。

3.如果你希望表现出专业的一面，那么莫过于选择深色系了，它们给人沉稳、内敛又富智慧的感觉。我们可以看到职场精英们都以穿着深色为时尚。

4.当你希望吸引异性目光时，让我们回归到所有动物最原始的渴望：性。在人类的文化中，最能传达性吸引力的，想当然就是红色；而一系列饱和度高的正色，都能传达高贵以及神秘感等类似的效果，就好像我们会认为水晶紫色、宝石蓝色具有魔法般的能量一样，我们要吸引异性时，当然就会需要魔法来帮助啊！

甜甜笑一笑，年龄少少

人的情绪一旦处于愉悦放松的状态，身体的各项机能就都能更好地运行，新陈代谢也能更加健康有序地进行，这样有利于调节我们身心的状态，让自己健康。相反，如果整天愁眉苦脸，给自己太大的压力，情绪处于紧张的状态，身体的机能也就变得缓慢而紊乱，这样对健康也就不好了，而且也更容易衰老。

不过，笑得太多也有可能会产生表情纹，这该怎么办？不笑容易老，多笑又会长皱纹，那到底笑好还是不笑好？

不要着急，笑当然需要，而对于因为笑而产生的表情纹，我们也自有妙计对付它。

首先，我们来看看，你的脸上是否已经产生表情纹

对着镜子，放松面部肌肉，保持松弛，然后做出以下几个表情：微笑、咧嘴大笑、抬眼眶、生气，分别保持30秒。你会看见，即使刚刚你的皮肤有多么光滑平整，这些动起来的部位都会有或深或浅的细纹。接下来，立刻停止你脸上的表情，看看在几秒钟内，哪些细纹很快消失，哪些则是渐渐消失，甚至停留了一段时间后才不见的。

那些只有在你做出面部表情时才出现的皱纹就是表情纹。这种类型的皱纹很容易在你或你身边的朋友脸上出现，额头上水平的皱纹、眉头间垂直的皱纹、笑时嘴角的皱纹……这些经长年累月重复的表情所产生的皱纹，一般在20岁时就会出现。虽然现在它可能只是很浅的几道，但是随着时间的推移，这些

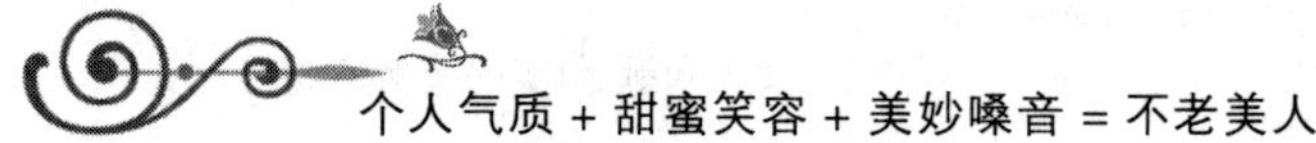

浅皱纹将在不知不觉中瓦解你的美貌。如果你继续粗心大意，它们便会缓缓渗入肌肤，形成深皱纹，而永远定居在你的脸上。

如果因为笑而产生了表情纹该怎么办

微笑最大的敌人就是皱纹，那会显得你格外衰老。不过，配合“每日微笑按摩法”可以有效改善嘴角、额头和颈部的老化现象。

1.按摩嘴角

双手贴于鼻翼法令纹处，滑拉至耳朵中央，轻压耳中部位的听宫穴，重复按摩 3~5 次。

2.按摩额头

双手指腹横贴于眉毛上方，向上滑拉至发髻，轻压发髻中央的神庭穴，重复按摩 3~5 次。

3.按摩颈部

用右手掌从颈部左侧向上轻抚，左手掌从右侧往左上轻抚，两侧重复 10 次。

给你的声音也美美容吧！

现代人对美丽的外表越来越注重，从美容、健身、减肥到纤体，几乎精细到了身上的“每一寸肌肤”。如今，这些爱美的人们又在追逐着一个新的时尚，就是给自己的声音“美容”。

声音，是人的第二张脸，美好的声音可以为你加分不少。反之，糟糕的声音就可想而知了。而声音美容则可以弥补天生嗓音不佳的缺点，让你充满自信，个人魅力骤升。

声音美容需要从两方面着手：软件和硬件。

声音美容软件

所谓“声音美容软件”，是指自身声音条件之外的修炼。自身条件是天生就有的，但如何扬长避短，成了给声音美容的第一大“软件”。

1.找到适合自己年龄的声音

年轻女孩适合温软如花蕾的声音，那么，成熟女人的声音应该是略带沙哑的中低音，有几分磁性，有几分性感。

2.谈吐气质

声音美容，归根到底是让听者感到愉悦，但如果没有相应的谈吐和气质，再好的声音条件也会大打折扣。所以，积累一些礼貌词汇和句式，加上翩翩的风度和儒雅的气质，可以为你的声音增加一些“附加分”。

3.照镜子找毛病

说话的时候留心照照镜子，看看自己的嘴形好不好看。据说，许多人说话时都有歪嘴的毛病，还有人说话时眼睛乱眨。总之，照照镜子，你会发现许多想不到的语言附带毛病。

4.语速要适中

声音尖细的人，一定要放慢语速；声音低沉的人，要适当加快语速。语速的调整，可以弥补语音的缺点。

5.少唠叨

有调查显示，长舌妇的嗓音99%有杀伤力，再好听的声音，一旦成了唠叨的工具，便会让人的耳朵起茧。

声音美容硬件

所谓“声音美容硬件”，是指在一定程度上改变自身的声音条件。尽管声带是天生的，但后天的修补还是有用的。

1.咽音练声

翘起上嘴唇发音，发出一种尖锐如哨声的音。这个练习使你的音色变得十分悦耳。

2.“吊嗓”功夫

“吊嗓”是戏曲演员、歌唱演员和主持人的职业功夫。其实，一般人科学地“吊吊嗓子”，可以使你的嗓子打开，说话的时候气息更加顺畅，声音自然也就更加悦耳了。

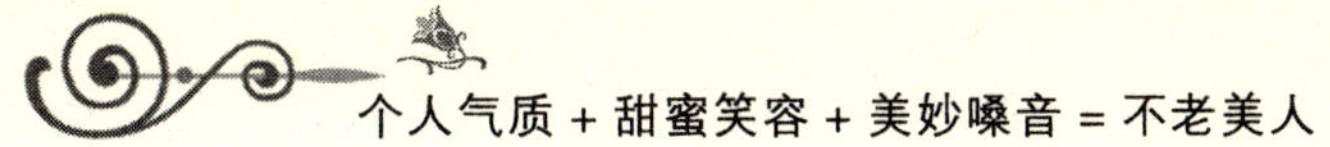

3.忌喊“破”声

喊“破”声是指大喊大叫，把嗓子喊沙哑了。在“卡拉 OK”厅里，大家常常纵情“喊”歌，放松心情，但再纵情也要悠着点。如果嗓子经常喊破，就不易还原了。

嗓音整形，让你“听”起来更年轻

美国从事美容业的医生最近向市场推出了一种嗓音的美容手术，通过这种手术，那些嗓音已经变得苍老的人群便可以使自己说话时听起来更年轻，也更富有活力。

与人的身体一样，随着年龄的增长，我们的声带功能也同样会逐渐老化。在这种情况下，我们谈话、叫喊及唱歌时所发出的声音都会显得较为沉重与苍白无力。虽然通过日常锻炼也可以保持嗓音的活力，但更多的人还是愿意选择通过手术的方式来使自己“听”起来更年轻。

在实施这种嗓音美化手术时，医生在被实施手术者的颈部切开一条口子，然后再往颈内置入一些填充物，或者直接向颈部注射这些填充物。

在手术完成后，被实施手术者经过数周的休息，就可以用较少的力气发出更为清亮的声音。美国的耳鼻喉科研究人员对此表示：“如果你的声音能够变得更清亮，它会给你带来更多的人生价值。”